摆脱错误的思考

魏新◎编著

BAITUO CUOWU DE SIKAO

图书在版编目（CIP）数据

摆脱错误的思考 / 魏新编著．—北京：北京工业大学出版社，2012.3

ISBN 978-7-5639-2974-0

I. ①摆… II. ①魏… III. ①思维方法 - 通俗读物 IV. ①B804-49

中国版本图书馆 CIP 数据核字（2012）第 003140 号

摆脱错误的思考

编　　著：魏　新
责任编辑：刘学宽
封面设计：汝俊杰
出版发行：北京工业大学出版社
（北京市朝阳区平乐园 100 号 100124）
010-67391722（传真）bgdcbs@sina.com
出 版 人：郝　勇
经销单位：全国各地新华书店
承印单位：三河市元兴印务有限公司
开　　本：787mm × 1092mm 1/16
印　　张：18
字　　数：277 千字
版　　次：2012 年 3 月第 1 版
印　　次：2021 年 1 月第 2 次印刷
标准书号：ISBN 978-7-5639-2974-0
定　　价：32.00 元

前 言

任何学科都离不开思维，因此我们可以这样说：思维科学，乃万学之学。日常生活中，我们经常会使用到思维的替代语，比如“思考”、“思索”、“思虑”等。思维在我们生活中几乎涉及所有活动，发挥着关键性的作用。

由于人的思考缺少科学的思维指导，容易在不知不觉中成为一种习惯，易陷入错误的思考陷阱中，诸如前例依赖症、未来缺乏症等。这些易将人的思维引向死路的思考习惯病，导致工作效率降低，遇事没有一个很好的对策等。在本书中，作者不仅针对这些症状开出了非常有效的处方，还对人的思维进行了深入的阐述，提出了科学的、切实可行的思维模式，可助你从根本上解决思维问题，从而提高解决问题的能力和创造力。

目录

第一章　常见的错误思考模式

人类不可避免地受着各种各样的偏见的影响，这些偏见有些是有一定适应价值的“思维定势”，而有些则是大脑的认知机制的“缺陷”，从而构成了人类思维中的种种谬误。学会思考，就是学会认识到这些谬误。

第一节　人类思维的认知偏误

人类的思考是件很奇妙的事情，认知这种思考的行为或过程可以使我们快捷地处理海量信息。举例来说，每当我们睁开眼，我们的大脑就不断受到所见事物的刺激。我们可能有意识地思考着某一具体的事物，然而我们的大脑却处理着成千上万的潜意识想法。不幸的是我们的认知并非尽善尽美，有时我们会潜意识地制造出判断偏差，这就是心理学上所称的认知偏误。认知偏误不受年龄、性别、受教育状况以及智力等因素的影响，每个人都会遇上。认知偏差中有些很显著，有些却不常见，但它们都趣味十足。

了解人类思维的常见错误，可以帮助我们有效摆脱错误的思考，从而使我们的认识更接近于真理。那么，在人类的思维系统中，究竟有哪些认知偏差呢？

一、安慰剂效应

安慰剂效应，又名伪药效应、假药效应、代设剂效应，源自拉丁文placebo，意即“我将安慰”。它是指病人虽然获得无效的治疗，但却“预料”或“相信”治疗有效，而让病患症状得到舒缓的现象。因为安慰剂效应，它让你觉得吃了药病就会好，于是你的精神状态就好了起来，免疫系统的效力也就增强了，所以就有可能使病情好转。

使用安慰剂时容易出现相应的心理和生理效应的人，被称为安慰剂反应者。这种人的人格特点是：好交往、有依赖性、易受暗示、自信心不足、好注意自身的各种生理变化和不适感、有疑病倾向和神经质。

现实生活中安慰剂效应随处可见。几个很少接触乡村环境的城里人到野外郊游，到达山腰时，他们为眼前清澈的泉水、碧绿的草地和迷人的风景所深深吸引。休息时，其中一人很高兴地接过同伴递过来的水壶喝了一口，情不自禁地感叹道："山里的水真甜，城里的水跟这儿真是没法比！"水的主人听罢笑了起来，他说，壶里的水是城市里最普通的水，是出发前从家里自来水管接的。这种现象说明，我们在对现实进行分析的时候，很明显地掺杂了很多个人因素，包括我们的期望、经验和信念等。

安慰剂效应的心理学意义在于，当我们精神饱满的时候做事效率就高，而委靡不振的时候效率就低。比如，我们在一般情况下提不动的重物，在精神状态特别好的时候就可能提得动。这就是精神的力量，因为你处在极度亢奋之中，将你机体所有的能力都提到了极限，包括免疫系统。

二、承诺升级

承诺升级是指人们对已失败的事情继续进行坚持。例如，对"挑战者号"航天飞机灾难事件的调查，就显示出了一种承诺升级的现象。当时航天飞机升空的决策尽管受到一些人的质疑，但是决策者仍然在那个灾难性的日子里作出了这个决策。为什么决策者对错误的决策继续增加承诺呢？因为他们不想承认他们最初的决策存在某些缺陷，他们不是去寻求新的代替方案，而是简单地增加他们对最初方案的承诺。

再比如，你用半辈子的积蓄来做一笔生意，6个月后，事实证明这必将是个亏本买卖。逻辑上来说你应当减少损失并终止生意，但实际上由于你已经注入了你半辈子的积蓄，你会决心将其进行到底，并投入更多的资金希望生意运转起来。

实际上，我们在生活中总是不断在作着各种各样的决策。决策活动会出现各种偏差，承诺升级倾向就是其中的一种。它是指人们一直固守着某项决策，尽管有明显证据表明该决策是错误的。例如，一位男士4年来一直和一位女士保持约会关系，尽管他也承认他们两人并不十分和谐，但他还是决定将要和这位女士结婚，问起原因，他回答："在两人关系里我已经投入了太多太多。"

很多证据表明，当个体感到自己要对失败负责时，就会对这一失败活动增加投入。也就是说，他们会花钱填无底洞，为了表明自己最初的决策并非错误，并因此而避免承认自己犯了错误。

心在等待，这种等待该如何解释。我们手中有冠冕堂皇的理由，慢慢平静下来，终究会放下的，至于究竟需要多久，不得而知。承诺的代价是，升级之后就是惨重得让你无法承受的代价。对于固执的人尤其如此，所以，不该再轻易承诺，更不该草率地追加承诺。

三、双曲贴现

双曲贴现指的是人们相较于延迟和复杂的结局更倾向于简洁及时的。针对人类的决策过程，人们已作了许多研究，发现有相当多的因素对其有影响。有意思的是，在决定要作出什么样的选择时，拖延的时间才是最重要的因素。

简单来说，大多数人会选择今天拿20美元，而不是一年后的今天拿到100美元。事实上，立刻拿到的钱可能比以后拿到的钱数量还多，因为同样数量的钱，在今天的价值一般要比以后的高。假设利率是9%，那么聪明的人肯定知道当前拿91.74美元和一年后拿100美元是没有多大区别的。然而，一个人为了更快地得到利益愿意牺牲多大，是愿意一年后拿100美元还是现在就拿50美元，或者40美元？是他的利益预见？

四、时间贴现

时间贴现是指个人对事件的价值量估计随着时间的流逝而下降的心理现象，即宁愿要较小的眼前酬劳也不要较大的日后报酬。时间贴现引起研究者的兴趣主要是因为许多社会现象，比如吸烟，酗酒，吸食毒品，赌博等上瘾行为，上瘾者清楚地知晓这些行为的危害，但却以放弃长远利益如健康、美满的家庭、良好的社会关系等为代价，选择即时满足。由此可见，人对行为结果价值的认知会受到时间的影响。

理性的观点是，我们应该学会控制自己当前的不合理欲望，以获取延后获得的更大利益。

五、感应抵抗

感应抵抗常常怂恿你和束缚自己自主选择的行为对着干。所有由于自由或自主选择被束缚，而反抗权威的行为都可称之为感应抵抗。这些感应抵抗者本没有非得做出怪异行为的必要，但正是不能做才让他们想去做。

例如，叛逆心理就是人们尝试使用感应抵抗的表现之一。让某人做一些他不想做的事情，往往会导致他们的叛逆，偏不做你想让他做的事。

六、羊群心理

羊群心理也叫群居本能，也称从众心理、跟风心理。是指追随大众的想法及行为，缺乏自己的个性和主见的心理状态。这种思维或行为方式，在经济过热、市场充满泡沫时表现得更加突出。

社会上时常出现各种各样的热潮。例如：抢购潮、择校潮、留学潮、旅游潮、网游潮、追星潮、各种各样的模仿潮等潮流。这些热潮一般是引导者充分利用了许多人的羊群心理而形成的。也有许多时候，并不需要引导，人们觉得跟风对自己有利，便自觉地跟风。

有的羊群心理和羊群行为对个人和社会的发展都有利，我们可称之为“正面羊群心理”。例如：大家都勤奋劳动、遵守社会公德、诚实守信等。

有的羊群心理和羊群行为对个人和社会的发展都很不利，我们可称之为

“负面羊群心理”。例如：大家都拜金、大家都厚黑、大家都投机钻营。

有的羊群心理和羊群行为对个人和社会都无妨，我们可称之为中性羊群心理。例如：模仿别人吃饭、穿着、学习、工作。所以我们有时应该从众，有时不应该从众。

是否从众首先要看对社会是否有利，至少也要对社会无妨。其次要看对自己的发展是否有利，至少也要对自己的发展无妨。例如：如果在黄金周假期前夕感到很累，就没有必要跟风出行旅游，可以在家美美地休息几天，上网照样可以看到外面的世界。

负面羊群心理较多的人一般发展不快，因为他的自信力和判断力都比较差。成就较大的人其羊群心理是比较少的，因而个性比较鲜明。和大家一起做正经事时他力求做得更好，而盲目跟风的事则没有他的份。

七、成见效应

成见效应也称晕轮效应，又称光环效应，属于心理学范畴。晕轮效应指人们对他人的认知判断首先是根据个人的好恶得出的，然后再从这个判断推论出认知对象的其他品质的现象。这种强烈知觉的品质或特点，就如同月亮形式的光环一样，向周围弥漫、扩散，从而掩盖了其他品质或特点，所以就形象地称之为光环效应。常表现在一个人对另一个人的最初印象决定了他的总体看法，而看不准对方的真实品质。

有时候晕轮效应会对人际关系产生积极作用，比如你对人诚恳，那么即便你能力较差，别人对你也会非常信任，因为对方只看见你的诚恳。而晕轮效应的最大弊端就在于以偏赅全。

举例来说：下属连续 3 天迟到，老板看到后就总结出这个人是一个懒惰并且对工作漠不关心的人。事实上他迟到有种种可能的原因，或许车坏了，又或许照顾孩子的保姆没及时赶到，也可能是遇上了坏天气。而问题是，因为他一个无可奈何的过错，老板就认定他是一个坏员工。

八、自验预言

自验预言是指自我用行为来应验自认为会出现的结果。人在自己的境遇中，常常对自己的行为有所预期，在自己的以后行为结果中得到应验。

举例来说：我认为自己学习肯定会一塌糊涂，所以我减少了自己在作业和功课上的努力，最终果然和我自认为的一样，学习变得很糟糕。还有另一个普遍的例子就是情侣关系，我自己觉得另一半和自己慢慢疏远了，所以我的行为开始变得迥异，常感情用事地甩手而去。由于我的种种行为，最终一对情侣不欢而散。

暗示，在本质上是指人的情感和观念，会不同程度地受到别人下意识的影响。人们会不自觉地接受自己喜欢、钦佩、信任和崇拜的人的影响和暗示。而这种暗示，正是让你梦想成真的基石之一。

自验预言是心理学上一个利器，即给你灌输一个观点，最终你因为坚信这个观点而让其变为现实。

九、幻想性错觉

幻想性错觉是指当碰到随机的图像或声音时，会下意识地认为其有着不同寻常的意义。看到白云的形状时会联想到恐龙，联想到火化炉中的尸体，或者听到声音响起时就认为来了短信，这些都是幻想性错觉。以上两点的共通之处是刺激物本身是客观中立的，并无任何暗示性意义，这些意义的来源不过是观测者自己的主观认知。

据国外媒体报道，作为火星上最著名的地标性特征，“火星脸”在20世纪70年代一经发现便引发了诸多猜测，甚至有人认为那是火星智能生命的证据，而根据美宇航局火星探测器发回的最新高清照片，那不过是布满岩石的高山而已。

美宇航局也在一定程度助长了“人脸”的论调。他们在首次公布给公众的照片说明中，宣称那处地形与人脸有相似之处。“中央位置的大片岩层看上去像是人头，在阴影的作用下，还给人留下眼睛、鼻子和嘴巴的幻觉。‘火星脸’的跨度约 1.5 千米，太阳与其大概呈 20 度角。由于一些小失误，照片上布满了小斑点，这在照片放大后更加凸显。照片拍摄于 7 月 25 日，覆盖约 1 873 千米的范围。‘海盗二号’将在下周六（8 月 7 日）到达火星轨道，定于 9 月初着陆。”

据专家介绍，在实际存在的物体上看到人脸，这种现象被称为幻想性错觉。这也是许多人在茶叶、云团和烤焦的面包上看到他们所认为的“耶稣脸”的原因。

美国著名天文学家卡尔·萨根认为，人类之所以总能在某些地方看到人脸，完全是我们生存的本能使然。

十、反应机能

反应机能是指当人们意识到自己被他人所注意和观察时，会表现出与自然状态下的自己不一样的行为。例如，某单位委任研究者研究电灯照明度的改变是否能影响工人们的工作效率。他们得出的结论让人惊异，改变照明亮度竟然能让工作效率飙升。不幸的是，当研究结束后，工人们的生产效率又恢复到了平常水准。

其原因就在于，工人们的工作效率不是因为照明亮度而变化的，而是因为被人关注着所以才有所变化。这正是反应机能的证明，即当一个人意识到自己被他人关注时，他会主动改变自己的举止行为，让自己看上去更加神采奕奕。

十一、赌徒谬论

赌徒谬论亦称为蒙地卡罗谬论，是一种错误的信念，以为随机序列中一个事件发生的机率与之前发生的事件有关，即其发生的机率会随着之前没有发生该事件的次数而上升。如重复抛一个公平硬币，而连续多次抛出反面朝上，赌徒可能错误地认为，下一次抛出正面的机会会较大。这是一种非正式谬误。赌徒谬误亦指相信某一个特定的结果由于最近已发生了或最近没有发生，再发生的机会会较低。

赌徒有自己的一套理论，被称为赌徒谬论。其特点在于始终相信自己的预期目标会到来，就像在押轮盘赌时，每局出现红或黑的概率都是50%，可是赌徒却认为，假如他押红，黑色若连续出现几次，下回红色出现的机会比例就会增加；如果这次还不是，那么下次更加肯定，这是典型的不合数理原则，实际上每次的机会永远都是50%。

让我们来看一个有趣的例子：

一名赌徒在打赌硬币是正面朝上或是背面朝上时的情景。如果硬币正面朝上或朝下确实是随机的话，那么该名打赌者在任何一次压注时赢的概率都是0.5。假设这个人接连赌了5次，每次他都赌硬币正面朝上，而每次结果却都是背面朝上。现在他要赌第六次了，他该赌正面朝上还是背面朝上呢？或者说这时硬币正面朝上的概率大还是背面朝下的概率大呢？显然，投掷硬币时连续5次背面朝上是很不寻常的，这样的事件发生的概率非常低，赌徒注意到了这一点，所以，在下一次压注时，他加大了赌注，依然赌了正面向上，在硬币连续5次背面朝上后，他愈发相信硬币将正面向上了。结果很不幸，这位打赌者又一次输了。

打赌者的错误就在于对概率规律的应用。一枚真的硬币应该有一半的时候正面朝上，这些规律只有在无数次大量的事件后才可能成立。对于很少的尝试次数而言，这些规律不适用。那名赌徒所忽略的是，每次硬币投掷都是一个独立事件，前面抛掷中发生的情况对接下来将要发生的事件没有任何影响。

其实，赌徒对于第六次的尝试不会比前面的5次更有把握。正面朝上的概率依然没变。从某种程度上讲，赌徒的错误是很自然的事。他们确实是依据正确的概率规律所作的结论，经过大量的投掷，对一面真正的硬币而言，的确有50%的结果是正面向上，错就错在把适用于大量事件发生时才有效的规律运用到了很少的事件上。在6次投掷中全部正面朝上或全部背面朝上并不是绝对不可能，因为概率还没有小到可以忽略不计。

社会像一个超大的赌场，每个人都必须在这赌场中生活，用自己的付出，赌博明天的获得，赌的对象不仅有金钱，也有职位；有政权的稳固，也有战事的胜败；有工作的机会，也有婚姻的幸福……赌局中人的期望是能在最大程度上利用赌博的规则，作出最佳的决策，也就是通过规则引导自身所得的增加。

然而，我们必须清楚的是：不是每个人都能在赌局中获得令自己满意的收获，输了怎么办？我们将那些投下的不是象征性的小钱，而是足以毁掉自己的大数的人称之为赌徒。因为世界上有那么多的赌局，也就诞生了那么多的赌徒。

以上这些认知偏差就是人性的弱点了，属于心理学范畴。人都或多或少地受人类集体无意识的影响。荣格称这种集体无意识为心智模式原型的集合。

集体无意识作为一种典型的群体心理现象无处不在，并一直在默默而深刻地影响着我们的社会、我们的思想和我们的行为，鲁迅笔下的祥林嫂就是封建社会下所形成集体无意识的牺牲品。显然，集体无意识也有不可否认的积极意义。由于集体无意识是由遗传保留的无数同类型经验在心理最深层积淀的人类普遍性精神，因而积淀着的原始意象是艺术创作源泉。一个象征性的作品，其根源只能在集体无意识领域中找到，它使人们看到或听到人类原始意识的原始意象或遥远回声，并形成顿悟，产生美感。

第二节　不可不知的思考陷阱

人类由于进化的原因，其中有些倾向已深深植根于我们的认知过程，形成了思考中的陷阱。思考陷阱的危险性就在于它们具有多重伪装，能避开某一陷阱并不一定就能避开其他陷阱。在任何能设想到的情境中，它们都会不请而至。在我们所有的固定关系中，不论是国际层面、机构层面还是人际层面，它们都布设了圈套。

只有熟悉思考陷阱的所有特征，我们才能发现并避开它们；只有了解这些陷阱，聪明人才能不再做傻事。

思考陷阱之一：以故事为决策依据，忽视统计数据

人类是社会性动物，因此对别人的故事特别感兴趣。故事感动着我们，为我们的生活增添了乐趣，激发了我们的想象。然而，据无数人了解到的情况显示，依靠这种故事为证据而形成信念和作出的决定常常错误百出。为什么呢？就因为我们忽视了其他更多有用的相关信息，喜欢回避统计数据。

来看看这个例子。你打算购买一辆新汽车，所以浏览《消费指南》一类的报纸、杂志来研究它的可靠性。如果一份来自前几年的车型的统计数据表明，这种车是非常可靠的，那么你就会对调查结果很满意。但是，当你心情愉快地去参加一个聚会，在那里一个朋友告诉你，他最近刚买了这款车。“这车一点都不好，尽给人添麻烦！”他抱怨道：“隔几个月就要去店里送修一次。我换了离合器，刹车有问题，还动不动就熄火。”你对这一信息会做什么样的反应？对于许多人来说，了解了朋友的处境后会令我们质疑自己的决定，可能

就不买这款车了。其实，你最好将《消费指南》一类的报纸、杂志中汇总的维修频率作为购买与否的依据。因为这些数据基于类似汽车的大样本，而这位朋友的经验只是基于一辆车。任何车型都可能出现有瑕疵的车，你的朋友可能比较倒霉，刚好买到了少数问题车中的一辆。问题的关键是，如果你听朋友的，那你就是根据不大靠谱的故事来当证据而作出了不买的决定。

思考陷阱之二：关注支持现有观念的信息而忽视对立信息

如果你支持“扫黄”，你是不是更信任警方发布的相关信息？如果你喜欢某位明星，你是不是更关心对这明星有利的信息？如果你相信通灵术士预测未来的能力，你是不是只记得他们说对的少数几次，而忘了他们说错的绝大多数次？原来，这就是我们的思考方式，这就是我们有认同决定策略的自然倾向，也就是说，我们更关注支持现有的信念和期望的那些信息，而不大关注与这些信念对立的信息。实际上，我们喜欢记得有幸命中的，而忘记没有言中的。

在我们的思考过程中，喜欢寻求认同证据的倾向是如此根深蒂固，以至于即使我们没有坚定的信念或期望，也往往会寻求支持数据，而忽视了那些对立信息。

思考陷阱之三：错误地感知自己生活的世界

有一则新闻报道称一只庞大而危险的熊从城市动物园逃走了。报警的电话总机响个不停。有人报告说这只熊爬到了树上，穿过公园，在后面的巷子里扒拉垃圾箱。镇上各处的人们都说看到了熊。但事实证明，那只熊就在离动物园 100 米的范围内活动。这就是我们的预期创造了感觉。假设在观看一场足球比赛，我们喜欢的球队正与强劲竞争对手对抗。我们很可能会发现另一支球队比我们的球队犯规次数更多。我们看到的是我们想要看到的。

错误感觉导致整个人类历史上出现了很多次离奇事件，时不时地就会出现导致某些社会阶层群体性癔症的集体妄想。显而易见，我们对现实的感觉也许是不可靠的，这应该使我们警惕仅基于个人经历的信念，尤其是当那些信念很离谱的时候。

思考陷阱之四：简化策略造成的失实判断

生活可能非常复杂。我们常常每天同时做许多不同的事情，在作决定时也是如此，有时可用的信息量铺天盖地。事实上，如果关注所有信息，那么大部分时间只好用来收集和评价信息。为了避免这种分析上的麻烦，我们使用一些简化策略。例如，我们常常根据容易想起的信息作决定。如果在判定某种运动是否有风险，比如滑雪，我们不会对一个人可能因为滑雪而受伤的方式进行穷举搜索，也不会搜索每年滑雪受伤的人数，而往往通过回想朋友滑雪的经历或从电视上看到的滑雪事故来过分简化这一任务。例如，我们可能想起某某人和某某人在同一年因滑雪而死亡，所以认为滑雪是一项非常危险的运动。

简化策略可能十分有益，节省了时间和精力，使我们能够迅速作决定，然后继续做其他事情。简化策略常常导致相当不错的决定，即使简化策略可能无法给出最好的决定，却也往往足够好了。然而，当使用这些简化策略时，我们注意不到与决定有关的所有信息，而这可能让人陷入困境。使用简化策略会让人忽略非常重要的信息，这可能造成严重失实的判断。

思考陷阱之五：随意对记忆进行加工

想象在一个悠闲的夜晚，你正在看电视，忽然听到有人敲门。你打开门，一名警察给你戴上手铐，还说：“你因家庭暴力被捕了。”令你惊讶的是，你了解到原来是你女儿刚刚起诉了你，理由是大约在20年前她是小女孩时你呵斥过她。你无法相信，因为你与女儿关系一直很好，你知道你从来没有用暴力对待过她。然而，为了解决一些情感问题，她最近去看了医师，医师认为她的问题可能是儿童时期受到暴力侵害的结果。当进行了几次催眠后，你女儿开始想起一些你对她喝斥的事例。根据这些被压抑的回忆，你被定了罪并送进了监狱，甚至完全没有呵斥的实物证据。

其实，在有些国家的很多案件中已经发生了这样的事情。为什么会这样呢？我们许多人，包括那些证人，认为记忆是记录过去经历的永久见证，大多数人持有这种关于记忆的观点：当对自己的记忆有信心时，我们就会相信记住的是实际发生过的事情。然而，大量研究证明，记忆是会变化的。我们甚至可以创造出实际上从来没有发生的事件的新记忆。

实际上，记忆并不是事件的真实快照，过去的经历并不等于可供以后从中检索的影集。相反，记忆是建设性的。目前的信念、预期、环境甚至暗示性的提问，都可能影响我们对过去事件的记忆。将记忆看做是对过去的重建更为准确，通过不断地重建，记忆可能离真相越来越远。因此，即使确信记忆不会改变，它们还是会随着时间的推移而发生变化。遗憾的是，那些记忆可能对我们形成信念和作决定有着显著的影响。

以上这些思考陷阱警示我们：正确的思维模式，是科学的世界观和有效的方法论的前提条件。要想实现自己的人生理想，创造成功的人生，必须从改进思维模式、提高工具理性做起，而要做到这一点，可谓任重道远。

第三节　思考僵化导致思维惯性

伟大的发明家爱迪生说："头脑不用也会生锈，经常思考才会反应敏捷。如果思考能得到应有的重视，每个人该取得多少进步，多大成功啊！不能下决心培养自己爱思考习惯的人，失去的将是人生最大的乐趣。"

每个人都会有自己的特长。一个人做某些事会比其他事做得更好。但许多人从未找到最适合自己的事情，其根本原因往往是他们没有进行足够的思考。如果你对一切都随遇而安、得过且过，或怨天尤人，那么就会出现思维习惯病。

僵化的思维会让人逃脱不出那些陈规，在思维定式的运作下按部就班。很多时候，我们的失败，往往都是败在思维定式上。无数事实证明，伟大的创造、天才的发现，都是从突破思维定式开始的；但如果在自己的思维定式里打转，即使是天才也走不出死胡同。

你一定坐过公交车吧，如果没座位而你的手一直抓着吊环不动持续半小时，你会发现自己的胳膊麻木而无法灵活地活动了。大脑和胳膊一样，不用就会萎缩。萎缩就是病态，长时间病态导致的惯常行为就是习惯病。

日本人相当注意习惯病的产生，从 1975 年开始，日野原一直在提倡，"自己的健康自己捍卫"的运动。摄取品质不佳的食物、食用过多盐分、过量饮酒、食用太多动物性脂肪、黄绿叶菜类摄取太少、运动不足等。针对这些日常生活中的小小坏习惯，日野原建议，若能够及早转个方向，待年长或年老之时，便不会染上所谓的成人病。他向来认为成人病之名，应该更改为较具行动力、自发力的习惯病才对。经过了他 20 年的倡导，日本终于在平成八年（1996 年），更名为生活习惯病。

正如同日野原在书中所说的："禽鸟的飞行姿势无法改变，动物爬行的方式、奔跑的姿势难以调整，但是，人类可以更改自己的生活方式。改变日复一日、重复千百回的行动，形成新的习惯。选择新习惯与否，靠的是人类的意志。人类有选择的自由，经由意志力与毅力，可以形塑出全新的自己。"

除了在生活习惯上，人的思考习惯也容易僵化。

日比野省三是中京大学教授、日本企划学会会长，中国西安社会科学院客座教授。他提出了思考习惯病的说法，诸如前例依赖症，即如果没有参考先例或成功范例，就无法解决问题；思考不足症，即过于依赖手册或上司的指示，丧失思考能力；未来缺乏症，即被束缚于过去或现在的问题中，看不见未来前景；问题管窥症，即只着眼于事物的一部分，错失重要的全貌或本质；网络依赖症，即受控于大量的资讯，却无法找出问题点或解决策略；变化恐惧症，即抗拒变化、反应过度而采取错误的行动，等等。

无论是生活习惯病还是思考习惯病，都是相当重要的议题。依据英国人的研究，平均需要66天养成一个习惯，一年才能够养成5个好习惯，自己有多少坏习惯是心知肚明的，要改掉这些坏习惯真的需要持久的决心。

"懂得正确的思考或者抛开懒惰去思考其实是挺难的，如果不是我坚持参加了21天训练营，也许现在还在稀里糊涂地过以前那样的日子。在参加21天训练营时，每天训练营都会引导我去思考，并且强迫我必须思考，否则我就不能进行接下来的训练。我记得非常清楚，在我训练到第17天时，突然一切都豁然开朗了，也许这就是量变到质变的过程吧。"已是北大研究生的小杨兴奋地说着他的观点。

为什么那么多人一事无成？就是因为他们不懂得思考。只有很少的人能认识到通过锻炼思考能力可以取得巨大的成就。不懂得正确思考将毁掉我们一生！

我们已经习惯用既定的思维方式思考，从而得出不恰当的结论。其实，很多事情换个角度，也许结果就会不同。

一个教授向他的学生提出这样一个问题：一个聋哑人到五金店买钉子，为了让售货员明白自己要买的是什么东西，他左手做出拿钉子的样子，右手做出拿锤子敲打的样子。售货员马上给他拿来一把锤子，聋哑人摇了摇头，右手指了指左手，于是顺利地买到了钉子。

“那么，请问，如果一个盲人要去五金店买剪刀，有什么方法最简便呢？”教授问道。

一个学生马上抢答：“他只要伸出两个手指头作剪刀剪东西的样子就行了。”其他的学生也表示赞同。

教授最后说道：“他其实只要开口说自己想买把剪刀就行了。这个问题的目的就是要告诉大家，一个人要是被思维定式所困，就会走入思维的死角。”

在我们的生活中，人们总是依照已有的套路和模式去解决问题，通常情况下都能很轻松地把问题解决。但正是这些约定俗成的套路和模式，阻碍了人们去解决出现的新问题。所以，当我们感到无路可走时，换一种思维方式，跳出惯性思维，也许马上就能找到一条新的道路，一个新的目标，一种新的境界，从而使问题得以解决。

在我们成长的环境中，有许多看不见的链条系住了我们。这些链条就是我们生活中那些约定俗成的陈旧思想。它们总是被我们视为理所当然。有了思维定式，我们就会抹杀自己独特的创意，认为自己无法成功。然后，在不利的环境中妥协，甚至于开始认命、怨天尤人。其实，这一切都是我们心中那条系住自我的铁链在作祟罢了。当我们发现自己的那一条铁链的时候，要当机立断，运用我们内在的能力，立即挣开消极习惯的捆绑，改变自己所处的环境，投入另一个崭新的领域中，使自己的潜能得以发挥。

在这个瞬息万变的社会，如果我们一味恪守前人的经验，形成固定的思维方式，就会在思维定式中失去机会，最终只能走向失败。固定的思维方式容易产生偏见，这种偏见带有强烈的个人色彩。它容易把人的思维引入歧途，也会给生活与事业带来消极影响。

因此，为了取得人生的成功，我们必须打破思维定式的束缚。不善于改变思维，就根本不可能找到成功的途径。要改变思维定式，需要我们改变观念，也就是不断学习新知识，并随着形势的发展不断调整、改变自己的行动。只有思维改变了，行动才会随之改变，问题也就会迎刃而解，我们就能获得成功。

第四节 不健康思维造成的亚健康

在《黄帝内经》中，对于治疗亚健康有一个非常形象的比喻："当人渴了的时候再去打井，就已经晚了。"这也就是说，保持身体健康，除了要掌握一些关于健康的方法，更重要的是掌握健康的思维。要在健康状态的时候就注意调理，因为我们的身体完全有抵抗疾病侵害的能力，就看我们能否激发出自己的抵御能量。

在掌握具体的方法之前，先要了解存在于我们周围的一些不可控因素，在对亚健康稍加疏忽之时，它们也就变成了现实。

一是家中的细小浮尘。你当然是个好主妇，但是家中依然存在着各种浮尘，比如一些大扫除不易彻底打扫的死角、阳光遍布的露台。这样无法避免的小浮尘通过呼吸、接触进入体内。如果身体的抵抗能力不断在降低，这些小浮尘就会引起病变，引发真正的呼吸系统疾病。

二是公司中的高科技辐射。电脑、打印机、扫描仪、传真机、投影仪……公司中的高科技很多，给你的工作带来方便的同时，却给健康以不小的打击。比如，电脑显示屏、电视等都会损伤视力；而长时间坐在电脑前保持一种姿势，日久会引发颈椎病。如此看来，身体里的不健康因素活跃异常之时，那些亚健康出现严重病变的机会就不远了。

三是户外的光污染。365 天都会存在的或强或弱的紫外线、镜面建筑物反射出来的光，各种照明设施——这让人们受到的光的负面侵害很大。接收着这些光线的照射，使身体老化在不断加速，这样一来，身体内部会消耗更多的健康内存。

四是自身的不坚定因素。我们的自我控制能力很薄弱，即使知道对身体有害，却依然无法很好地控制自己，并且觉得，只要身体毫无异样，就证明自己是健康的。大错特错，在我们的疏忽间，那些本来是虚无缥缈的亚健康，也就变得有形了。

这里汇总了8个方法，帮你防治亚健康。

方法之一：调整餐单——以国王的标准设计早餐，以王子的标准规定午餐，以农民的标准设计晚餐。

无论是对于家中的成人还是孩子，都需要碳水化合物、脂肪、维生素、矿物质以及蛋白质来维持营养的平衡。当然，这并不是说要求你每天都必须忙里忙外地为家人准备齐全营养，而是在一个时期内，让这些身体所需营养在身体内达到一个均衡。而且，早、中、晚三餐的搭配也很有讲究。清晨是一天之始，身体极需各种黄金能量予以补充，所以一定要丰盛，并留出充足的时间来慢慢享受；而午餐要补充一些脂肪，为下午的工作、学习、运动注入能量；到了晚上，身体新陈代谢变慢，内脏进入休息阶段，所以，最好不要吃高脂肪、高蛋白质一类的食物，要以清淡食物为主。

如此调整自己的餐单，身体会感觉到异常舒适，且不会产生疲劳感，代谢良好、循环正常，亚健康的危机自然会降至最低点。

方法之二：懂得“选其一”——在按时入睡与即时营养补给中任选其一，是防治亚健康的底线。

夜猫族是个休息时间严重被侵占的人群，亚健康的潜在危险是最大的。当生物钟被打乱，身体的各种循环被“倒流”，很多内脏隐患也就应运而生。

所以，无论你是每日穿梭于高级写字楼的金领，还是每天忙于操持家务的主妇，请记住这样的健康提醒：如果你无法避免熬夜，那么请适时为身体增加能量，维生素就非常必要。首选维生素B族和维生素C可以帮助身体减轻疲劳，而维生素A是护眼功臣，为此复合维生素片是你生活中的必备。

所以请记住，如果你不能保证按时摄入营养，那就要在11点前进入卧室；而如果你无法改变晚睡的习惯，那就必须保证营养均衡。因为你总得让每日为你工作的身体得到些安慰。

方法之三：因地、因时调和——根据自然节气的变化，以及自然界对人本身的影响来调节身体，管理健康，才是防治亚健康的真谛。

我们一定知道“一方水土养一方人”的道理，每个不同的城市都会有自己不同的空气湿度与气候特征。所以，适合于其他城市的养生之道，并不一定适合我们和家人。先真正了解自己的生活环境，才是找到最适合自己的健康秘籍。

四季同样重要，每个季节都有属于自己的健康属性，比如秋冬季，燥火严重，容易上火，就要为身体补充津液。当身体内部的代谢保持平衡，整个人润泽起来，那些本来深藏于体内的健康隐患自然也就不复存在了。

换句话说，你就是把《黄帝内经》倒背如流，也并不能算是一个健康达人，了解自己的需求，懂得因时因地调和，才是最佳的防治亚健康的理念。

方法之四：像小孩子一样生活——这不是让你装嫩，而是像小孩子一样尊重身体的感受。

看看我们周围的小孩子吧，饿的时候他们会不高兴；疼痛的时候他们会哭。而我们呢，身体对我们发出的任何指令，我们都会若无其事地置之不理，因为我们是成人，完全可以控制自己。但是，这并不是好事儿，我们真的应该像小孩子一样尊重身体的真实感受，并尽量、尽快满足它对我们提出的要求，让身体在最短的时间内恢复舒适、自然，健康指数才能不断地攀升。一旦不愉快少了，高兴表情多了，亚健康也就被关在门外了。

方法之五：体检也要看年龄——不同的年龄体检计划应该不尽相同，这样才能更好地做到防患于未然。

我们一定知道健康体检的重要性，但是每次体检的项目都是一样的吧。但是，对于女人来说，不同的年龄要有不同的体检计划。比如在20+的时候，参加普通体检的基础上，再增加妇科疾病的彻查就可以了；但是到了40+，女人身体内的内分泌激素水平有了变化，需要定期检查，以防止更年期带来的各种身体疾病。当然，还要建议我们的是，我们和家人的体检机构最好是固定的，因为同一家医院的测试仪器得出的结果比较稳定，没有偏差，不至于给我们带来健康误区。

定期检查自己的身体，根据年龄的上升调整体检计划，将所有可能发生的不良身体状况都屏蔽掉。

方法之六：运动——最简单的运动往往是最有效的运动。

如今，健身中心的运动项目多种多样，这当然能满足各种人的不同需求。但是，办完会员卡后，时间忙碌的你根本没有时间去享受这些项目。健康专家告诉你，运动的真正目的就在于简单易行，而散步就是最佳选择。最有效的方法就是，让所有自己常用的用品都远离自己，比如电话、水杯、遥控器，这样就可以督促自己在日常生活中可以有无数次的运动。

在以汽车作为基本代步工具的今天，最好将自己的爱车停在远离家门的地方，每日走到车旁边也会有一定的运动量，在开始紧张的一天之处，让身体得到最舒缓、自然的运动。

每日给自己创造一切机会散步，身体循环没有结点，那些最潜在的疾病隐患自然也就不存在了。

方法之七：注意细节——有些部位要随时随地清洁。

把中国国足带入世界杯的教练米卢说过："细节决定一切！"套用这句话放在治疗亚健康的健康理念中，就是："生活习惯决定一切！"比如对于牙齿的护理。你当然有一天刷两次牙的习惯，但是却忽略了每次刷牙后用牙线再次清理牙缝，以及吃零食后即时漱口。那些残留的细菌在口腔中迅速繁殖，不但对牙齿是极大的损害，更把细菌带到了身体内部。为此，刷牙并不是爱自己的终极表现，牙线和漱口水同样重要。

随时随地清洁牙齿，就能将致病菌抵挡于体外，就是截断了亚健康的一个重要源头，让亚健康从此与你无缘。

方法之八：好心情——零疾病的主要保证。

当一个人的欲望过于强烈，内心被各种需求充斥着，身体内部的快乐荷尔蒙就自然而然的降低。这样就给身体内部存在的那些疾病的不安分因素以成长的机会。

让心情好起来的最简单方法就是：懂得降低自己和家人的欲望，当人对物质的欲望降低的时候，就可以随遇而安，顺其自然，烦心事儿自然会少，让制造快乐的荷尔蒙无限上升。

为身体健康创造一个良性的生存环境，排毒系统就会达到一个良性的状态，身体无毒素，亚健康永远不会发生。

第五节　抑郁情况下的错误思维

在现代社会，人们常常有这样的心理：只有成功我才有价值；必须有人爱我，否则我就是一个不可爱的人；只有得到别人的肯定，我才能有自信；别人应该公平地对待我；我必须比别人强，比别人出色；我不能失败，不能有缺点，不能不完美……有时，我们会被这种“必须”和“应该”的观念所束缚，认为“有它，才能有我”。自己、他人、生活，必须满足我们的某种要求，才能有意义与价值。当现实没有满足我们这些“应该”和“必须”的要求的时候，就很容易对自己、他人甚至是这个世界不满。这时，我们就好像是一个被宠坏的孩子，只有一切随了自己的心意才能快乐。

由于很多人一直抱着“只有成功，我才有价值”之类的观念不放，虽然在生活中不乏出色的地方，但因为离这些人所期待的成功差得太远，所以一直无法找回对自己的信心，并且把一切责任都归结为到抑郁的头上。这样的人没有反思，其实问题不在于抑郁，而在于他把自己的价值建立在成功的基础上，一味地逼着自己达到幻想中的成功，才使自己陷入到了抑郁之中。

一、情绪化推理

人在强烈的情绪作用下，理智地判断就会受到影响。这时，我们就会轻易地相信自己在某种情绪下得出的结论，而忽视了理智的判断。即，我感觉是这样的，那么事实就是这样的。如，我感觉自己是一个失败者，所以我就是一个失败者；我感觉自己不可爱，所以我真的就不值得别人来爱；我感觉自己无法维系一段长久的友谊或爱情，所以他人就会离我而去；我感觉自己是一个虚伪的人，所以我就是一个虚伪的人；我感觉自己无法成功，所以我就无法成功，所以连试也不要试了，一切都是白费力气。

有时，感觉如此强烈，负性思维又自动产生，让我们来不及静下心来反思。接着，我们又把这种感觉和情绪化的推理当成了一种事实，最终给自己贴上了失败者的标签。但是，毕竟感觉不代表我们这个人，就算有一天我们感觉自己是神仙，我们也飞不起来。同理，就算感觉自己是蠢货，我们也不会真的因为这种感觉而成了废品，成了一个没有价值的人。记住：感觉不代表事实，也不代表我们自己。

其实，就算他人没有按照我们所期望的那样对待我们，也不意味着他人在针对我们；就算他人在一定程度上忽视了我们，也不意味着他人不尊重我们，也许还存在其他的可能。所以在抑郁的时候，我们最好把感觉和情绪化的推理当成一种假设，而不要一味地相信——毕竟主观感觉，无法替代事实的真相。我们要用证据来证明，这种感觉是事实，还是一种被扭曲的真相。

二、草率下结论

在抑郁的状态下，我们理性思维的力量会被削弱，往往会从一个方面，或有限的依据得出整体性的判断。这个判断虽然经不起推敲，但我们却容易沉迷于其中无法自拔。如，一个朋友对我们不够热情，在抑郁的状态下，我们就很容易把这种情况解读为他人讨厌自己，或自己是一个不可爱的人，而忽视了其他的可能性。比如，也许今天他的心情不好，而与我们无关，或他就是一个这样的人。

当我们草率地给自己下一个否定性结论的时候，我们最好不要把这种结论当成是一种事实，虽然这种结论看起来是那么的真实可信。我们要学会停下来和自己对话，质问那个自我否定的声音：有什么理由可以证明我就是一个不受欢迎的人？有什么证据证明没有人喜欢我？当然我不是超人，有人不喜欢我很正常，我没有必要得到所有人对我的喜爱和肯定，但这并不意味着没有人喜欢我。

三、以偏赅全

从一个“点”，而得出一个“面”的结论。这种以片面的事实，就得出全面结论的行为就是一种以偏赅全的思维模式。如，一次失败，就认为是自己整个人的失败；一次失恋，就认为自己永远也找不到一份真挚的感情；被一个朋友背叛，就认为这个世界没有人值得信任；被一个人否定，就认为所有人都是这样看待自己的……当一个人对自己不够肯定的时候，就很容易根据外在的一些细微线索，作出对自己整个人全盘否定的结论；当一个人认为自己不值得被爱的时候，也就很容易把别人的一些小的忽视和否定当成彼此关系的危机。

李瑞是一位留美博士，毕业后他顺利地应聘到一家美国大公司从事软件开发工作。开始，他还热血沸腾地打算一展宏图，但真正开始做项目的时候却被一棒子打晕。因为他介入的项目是一个让所有人都头疼的项目，先前10个墨西哥人都打了退堂鼓，后来公司的几个猛将也相继被这个项目折磨得辞职了。即使是有10年工作经验的同事也说这个项目是自己遇到的最难啃的骨头。就在这种背景下，他当初的热情被该项目消磨殆尽，随之而来的就是深深的挫败感，虽然周围的同事都安慰他说：这是现实原因，而不是你能力不足。但他却一直无法原谅自己，因此，他认定是自己能力不够，所以才在该项目上举步维艰。这种自我否定慢慢泛化到了他生活的各个方面，他甚至对自己的交友及生活能力都产生了怀疑，随之陷入到了抑郁当中。

在李瑞的身上我们会发现，他仅仅从一个片面事实，就对自己全盘否定，而没有从全局出发。毕竟在该项目上的挫折并非是他能力不够，更多的是该项目本身就是一块难啃的骨头，但他却忽视了这一点，一味地责怪与否定自己，进而丧失了对自己整个人的信心。也正是这种以偏赅全的思维模式，才让他无法看到自己的成功之处，最终陷入到了抑郁之中。

四、非黑即白

非黑即白即非此即彼的极端思维，只注意事物的两极，忽略了中间部分。如，不成功就是失败；没有受到别人的肯定，那么就是一种否定；不表现得坚强，就是懦弱；不做到完美，就什么都不是……

有时我们会极端地评价自己与他人——要么是成功，要么就是失败；他人要么是爱我们的，要么就一点都不爱。在这种思维定式之下，我们很难温和地对待自己与他人。其实，这个世界并不是非黑即白的，很多时候则处于中间状态。这个世界没有绝对意义上的成功，同样也没有彻彻底底的失败。就算他人爱我们，也不可能什么时候都能想到我们，也不能完全理解我们的感受，但这并不意味着他人不在乎我们。毕竟，生活就是如此，我们自己也不可能完全符合他人的期待，但这也不意味着他人在我们心中不重要。就算我们没有在所有的时候都表现出勇敢，也不意味着我们是懦弱的人，毕竟勇敢的人也有懦弱的一面，诚实的人也有不诚实的时候。如果用一种绝对的标准来衡量自己与他人，那么这个世界也就没有什么人是成功的、值得爱或是爱我们的。

五、责任内化

自我中心的思维模式还表现为责任内化。即把一切责任和错误都归咎于自己，就算自己没有错，也能做到鸡蛋里挑骨头的地步，不能理智地评价是非曲直，一味地自我贬损。如果恋爱失败，他会责怪是自己不可爱，而全然不顾感情的失败双方都有责任的事实；如果事业不顺，他会责怪自己能力低下，而全然不顾客观存在的现实原因；如果被别人否定，他会一味地责怪自己不好，而不会看到对方的吹毛求疵，凡此种种。似乎生活只有完美无缺，似乎他不犯任何错误，才能对自己满意，不然他将永远成为自己苛责与否定的对象。

也因为如此固执地责任内化，他往往容易成为一个老好人或容易被他人利用及伤害的对象。所以只有放弃这种责任内化，才能公平地对待自己，才能看清事实真相。

六、过滤积极评价

当一个人陷入到自我中心思维的时候，就会固执地认为自己所想的就是现实，任何与之相反的理由和证据都会被他无意识地过滤掉。如果他认为自己是一个失败者，当然也就会相信别人对他积极的评价，他会认为：别人肯定我，可能是出于礼貌，或者是不了解我，抑或仅仅是一种同情。

抑郁的时候，我们更容易发现自己不够好，而对自己的足够好却视而不见。我们只会盯着自己的失败不放，而忽视自己已经取得的成功。同样，我们也会更敏感他人对我们的否定，却忘记了他人对我们的肯定。正是没有看到自己的好及出色之处，我们才会如此怀疑他人的正面评价。就好像患有进食障碍的女孩，虽然她已经很瘦了，却依然会觉得自己胖，无论别人怎么说，她都不会相信自己真的已经够瘦了。

摆脱这种思维倾向的关键在于：要让自己慢慢相信，也许自己并没有想象中的那么差，只不过是我们太关注自己不够好及失败之处，过滤掉了我们的成功及来自于他人的积极评价。以静止的观点，给自己及他人贴上固定的标签。如，我不可爱；我是一个失败者；没人真的爱我；他人都是不可信任的……

每个人都有其独特的成长经历，而不同的成长经历会形成我们对自己、他人及整个世界不同的看法和评价。但，人生其实是一个动态的过程，从来不是静止的。就算过去我们被父母否定，就算过去有过失败和不如意，这些也仅仅意味着过去，过去的失败不代表现在，也无法决定未来。不要给自己贴上一个极端的标签，因为这会削弱我们继续前行的勇气和力量。

对待他人也同样如此，这个世界本来就没有绝对的爱和绝对的信任。就算你在一定程度上受到了欺骗和伤害，在给对方贴上标签的时候，要先问问自己：现在下这个结论是否为时过早？尤其是在你处于抑郁状态的时候。“路遥知马力，日久见人心”，不要过于因为一时或一事，就过早地给他人贴上极端评价的标签。

七、对未来的消极预期

在抑郁的状态下，我们会无意中成为自己的导演，经常会陷入到自己编导的剧情当中。就好像《蜡笔小新》营养午餐中的风间，当他把营养午餐弄撒后，就试图把撒在地上的饭菜捡起来，但后来他发现这样做也是徒劳的，之后他的大脑中浮现出这件事对他一生的影响：就算我上了小学，“你上幼儿园的时候把营养午餐……”同学说；就算我上了高中，“你上幼儿园的时候把营养午餐……”同学说；就算我长大了，“风间，你上幼儿园的时候把营养午餐……”新婚妻子说；就算我当了爷爷，“爷爷，你上幼儿园的时候把营养午餐……”孙子说；就算我死了，“这个人，上幼儿园的时候把营养午餐……”后辈说。“我的前途全毁了。”风间最后绝望地说。

虽然看起来这仅仅是剧情中安排的笑话而已，但这个笑话却也会真实地在生活中上演。一位大学即将毕业的女孩，因为老师说了句：“你性格太内向，不开朗，不容易亲近”，她自从听了这句话，就经常会在大脑中浮现出工作以后的情景：如果我工作了，没有人喜欢我，我将孤独一人；如果单位集体出游，没有人喜欢和我坐同一个座位；如果到了宾馆，没有人喜欢和我住一个房间；因为没有人喜欢和我说话，我只能埋头坚持把每日的工作做完。但这样能有什么前途和乐趣，我的生活全毁了，看来我无法适应这样的世界了。

因为我们的思维有着自动性和生发性的特点，所以我们会因为别人的一句话、一个眼神、一个细微的动作或生活中一个小小的挫折，就联想到未来的失败及过去不愉快的经历。从一个点我们放大到了整个人生这条线，就好像整个人生都没有希望了，一切都被毁了。但事实真的如此吗？《蜡笔小新》“营养午餐”最后的结局是：当日营养午餐多送了一套，所以小朋友都吃上了午餐，大家正在吃的时候，风间跑了进来，脱光了衣服，大声说：“不好了，强盗把营养午餐都抢跑了，虽然我拼命反抗，可连我的衣服也被抢走了。”本来是为了逃脱责任编织的一个谎言，最后成了小新嘲笑他的笑料。所以不要陷入到这种自我编制的陷阱当中，也许一切没有你想得那么糟糕。

针对上述常见的在抑郁情况下的思维错误，我们应该理智思考分析自己哪些思维方式是不合理的，比如，追求完美、以偏概全、非此即彼概等等。我们也可以通过网络搜索一下这方面的内容，当我们意识到了自己具体对待事物和问题上有类似的思维模式的时候，可以写出来。比如具体事件是什么，通过这个事件我现在的感受是什么，中间的思维和想法是什么。分析想法是否合理，找一个更加合理客观的念头代替不合理的，慢慢地通过实践学会合理思维，平时多看一些传统文化方面的书籍充实自己的内心，开阔心胸和视野就可以了。因为我们的不合理的思维习惯模式也是受后天各方面的影响灌输形成的，那么，现在学习合理的、好的，自然就改变了。

第六节 固守认知的思维定式

所谓思维定式，是指人们从事某项活动的一种预先准备的心理状态。它能够影响后继活动的趋势、程度和方式。构成思维定式的因素，主要是认知的固定倾向。

一个人的思维能力总体处于发展、变化的趋势中，但也会存在一种相对稳定的状态。这种状态是由一系列的思维定式所构成，由一系列思维定式的品质所表现。有位警察到森林打猎，他在野兽经常出没的地方隐蔽起来。忽然，一只鹿跑了出来，这位警察立即跳过灌木丛，朝天开一枪，并大喊“站住，我是警察！”这就是思维定式。

人一旦形成了习惯的思维定式，就会习惯地顺着定式的思维思考问题，不愿也不会转个方向、换个角度想问题，这是很多人的一种愚顽的难治之症。

有这样一个问题：篮子里有4个苹果，由4个小孩子平均分，到最后，篮子里还有一个苹果。请问：他们是怎样分的？

这个问题的答案只能是：4个小孩一人一个。这个答案，许多人可能不服气：不是说4个孩子平均分4个苹果吗？那篮子里剩下的一个怎么解释呢？首先，题目中并没有“剩下”的字眼；其次，那三个小孩子拿了应得的一份，最后一份当然是最后一个孩子的。至于他把苹果留在篮子里或者拿在手上，这并没有什么区别。

经常看到一些人为解答这类问题而绞尽脑汁。他们困于认识的固定倾向，而不能识破题目布下的圈套。由认识的固定倾向所产生的消极的思维定式，是禁锢人的思维的枷锁。

认识的固定倾向是一种习惯，而习惯却是一种因循式的思维形式。习惯是我们已经熟练掌握的不假思索的反应行为和适应行为，经常使我们不饥而食，不困而眠，压倒合理的思想而不给它以自由发挥的机会。若我们想要提高我们的能力，就必须从冲破思维定式开始。

思维最大的敌人是习惯性思维。世界观、生活环境和知识背景都会影响到人们对事对物的态度和思维方式，不过最重要的影响因素是过去的经验。生活中有很多经验，它们会时刻影响我们的思维。

人们在思考问题时会遇到各种各样的障碍，同样，在对创造性思维的理解上也往往会陷入一些误区。下面我们来具体地看看。

创造性思维是一种天分，有些人有，有些人没有。这样的想法是不对的，创造性思维人人都有，只是程度不同而已。可能有的人思维活跃一些，有的人思维迟钝一些，但是人人都有创造性思维是肯定的。

新点子会突如其来，不可能事先估计策划。这个想法也是不对的。有意识的深思熟虑才是真正的积累，积累到一定程度，好点子才可能突如其来。

创造性思维一定是异想天开，标新立异才顶用。事实上，在实际工作中，创造性思维恰恰是理性、务实的。创造性思维不应该是异想天开和标新立异，而是与日常生活和工作密切相关的。当然，思考过程中可以异想天开一点，将异想天开的思维运用于实践当然好，但不要误以为异想天开、标新立异就是创造。

创造都是大的举动。事实上，正所谓四两拨千斤，每一个小小的改进，都可能会大大影响绩效。在现实生活中，也经常有这样的例子：在工艺上或在整个工作流程中，一个非常小的改变可能会对最终的结果产生非常大的影响。所以不要忽略这些小小的改进。

在丰田、摩托罗拉等很多企业，都有一个给工人准备的创造区，里边有很多车床和工具。任何生产线上的工人如果有想法的话，都可以在这个区里试验。在创造区里，工人们可以按自己的想法去实施，去修改；如果在某一个方面出现停滞，他会把他做的半成品放在那儿，然后贴上条，把意见写在上面，以便其他人参与研究。

像这种工作中的创新性思维，不是异想天开的，而是非常务实、非常理性的。

天津摩托罗拉的一个工厂，有一组流水线上的工人，不断地进行改良和创新，把一个流程从两个多小时缩短到一分半钟。原来的 BP 机板是整个的，要切开以后再焊接，他们把第一步改成先焊接再切开，因为这样可以用机械手一次性焊成，缩短了时间。之后，他们不断改进，每一步都只有非常小的进步，但是每一步都很坚实，最后的结果是把流程从两个多小时缩短到了一分半钟。后来这一组工人受到了摩托罗拉总部的奖励，并前往美国向全球的其他摩托罗拉公司介绍经验。他们的经验在摩托罗拉内部得到了极大推广，提高了生产效率。

天津摩托罗拉公司的绩效改变无疑是非常惊人的，而这个惊人的绩效的改变都是来自于一小步、一小步的改变，来自于每天跟日常工作打交道的工人，而不是工程师，不是领导。

思维是人类最为本质的特征，是人一切活动的源头，也是创新的源头。有了创新思维才能开始创新活动，有了创新活动才能产生创新成果。

人们发现问题、研究问题、解决问题往往都是凭借原有的思维活动的路径（即思维定式）进行思维的。人们认识未知、解决未知，都是以已知或已知的组合、变换为阶梯。要想提高思维能力，就要突破原来的思维定式，更新原来的思维模式，优化、深化思维的品质。

那么，如何突破思维定式，更新思维模式呢？可从以下几个方面培养创建思维的素质。

一、突破书本定式

有位拳师，熟读拳法，与人谈论拳术滔滔不绝，拳师打人也确实战无不胜，可他就是打不过自己的老婆。拳师的老婆是一位不知拳法为何物的家庭妇女，但每每打起来，总能将拳师打得抱头鼠窜。

有人问拳师："您的功夫都到哪儿去了？"

拳师狠狠地道："这个死婆娘，每次与我打架，总不按路数进招，害得我的拳法都没有用场！”

拳师精通拳术，战无不胜，可碰到不按套路进攻的老婆时，却一筹莫展。

熟读拳法是好事，但拳法是死的，如果盲目运用书本知识，一切从书本出发，以书本为纲，脱离实际，这种由书本知识形成的思维定式反而使拳师遭到失败。

知识就是力量。但如果是死读书，只限于从教科书的观点和立场出发去观察问题，不仅不能给人以力量，反而会抹杀我们的创新能力。所以学习知识的同时，应保持思想的灵活性，注重学习基本原理而不是死记一些规则，这样知识才会有用。

二、突破经验定式

怎样才能突破经验定式呢？要有初生牛犊不怕虎的精神。初生的牛犊之所以不怕虎，是因为不知老虎为何物，在它脑中没有老虎会吃人的经验定式。因此见了老虎，敢于本能地用牛角去顶，而这时，带上“牛见了我会逃跑”思维定式的老虎，反倒不知所措，于是落荒而逃。

在科学史上有着重大突破的人，几乎都不是当时的名家，而是学问不多、经验不足的年轻人，因为他们的大脑拥有无限的想象力和创造力，什么都敢想，什么都敢做。下面的这些人就是最好的例证：

爱因斯坦 26 岁提出狭义相对论；

贝尔 29 岁发明电话；

西门子 19 岁发明电镀术；

巴斯噶 16 岁写成关于圆锥曲线的名著；

……

三、突破视角定式

法国著名歌唱家玛迪梅普莱有一个美丽的私人林园，每到周末总会有人到她的林园摘花、拾蘑菇、野营、野餐，弄得林园一片狼藉，肮脏不堪，管家让人围上篱笆，竖上“私人园林禁止入内”的木牌，均无济于事。玛迪梅普莱得知后，在路口立了一些大牌子，上面醒目写道：“请注意！如果在林中被毒蛇咬伤，最近的医院距此 15 千米，驾车约半小时即可到达”。从此，再也没有人闯入她的林园。

这就是变换视角，变堵塞为疏导，果然轻而易举地达到目的。

四、突破方向定式

英国讽刺戏剧作家萧伯纳长得很瘦，一次他参加一个宴会，一位大腹便便的资本家挖苦他：“萧伯纳先生，一见到您，我就知道世界上正在闹饥荒！”萧伯纳不仅不生气，反而笑着说：“哦，先生，我一见到你，就知道闹饥荒的原因了。”

司马光砸缸的故事也说明了同样的道理。常规的救人方法是从水缸上将人拉出，即让人离开水。而司马光急中生智，用石砸缸，使水流出缸中，即水离开人，这就是逆向思维。

逆向思想就是将自然现象、物理变化、化学变化进行反向思考，如此往往能出现创新。

五、突破维度定式

在一块土地上种 4 棵树，怎样使他们之间的距离都相等？

答案是将其中一棵树种在山顶上。找不到答案的原因是习惯于平面思维，没有建立立体的空间思维习惯，而现代化大都市的交通都是立体思维的产物。

认识对象、研究问题要从多角度、多方位、多层次、多学科、多手段去考虑，而不只限于一个方面，一个答案。

只有不断突破思维定式，超越自我，人生才会更精彩。

六、随时变化自己的视觉

有一只螃蟹住在小河边，没事的时候老喜欢在洞门口看天。最近几天经常下雨，每天雨后，螃蟹出来的时候总能看见天边有一道彩虹。第一次看到彩虹的时候，螃蟹非常惊奇，它觉得太美丽了，第二次看到彩虹的时候，螃蟹很想拥有一条彩虹，渐渐地看多了，螃蟹就认为是它对彩虹的喜欢感动了上天，所以，每天彩虹都出来陪它。

螃蟹把自己得意的想法告诉了小虾，小虾可不太相信螃蟹的说法，因为小虾从来没见过 彩虹。螃蟹见小虾不相信，就叫小虾一起去看彩虹，为了表示自己的说法正确，螃蟹还特别请了鱼儿作证，最后螃蟹决定找个天气好的日子和小虾一起去见证彩虹。

这天风和日丽，螃蟹带着鱼和小虾一起在洞口等待彩虹的出现，可眼看太阳都要落山了，彩虹却一直未露脸，焦急的小虾有些等不及了，可螃蟹却安慰到："我以前天天看到，你放心吧，一定会出现的，今天可能时间还没到。"

可直到最后，彩虹仍然没有出现，大家只好失望而归。

彩虹总是出现在风雨后，螃蟹似乎并不明白这个道理，总觉得彩虹会一直出现在天边。生活中，经常有人和螃蟹一样，并不知道事情的由来，就得出结论，而且往往很有信心地坚持自己的看法，这样的定式思维常常会带来一些问题。职场中必须学会随时变化个人视觉以取得真正的认可。

变化自己的视觉，首先要培养积极的心态，勇于正视自己和他人。我们要培养积极的心态，勇于正视自己，正确地看待自己和别人。一般说来，人们容易看到自己的优点，把功劳归于自己；看到别人的往往是缺点，把过错推诿于他人。这是一种心理学现象，我们应该在自己的不断成长和进步中克服它。

第七节 囿于成见的前例依赖症

生活中，为什么会有这么多人有这么多的郁闷？是因为他们在思想上凡事太依赖外部的客观条件，也就是说，太依赖已有的成功经验。因为没有可以参考的先例或成功范例，加上他们不接受与其期望值有巨大差别的现实，所以痛苦。与此同时，其本身又想改变现状，却苦于不知如何改变。这样一来，就陷入双重的痛苦之中。这种思考症状，就是典型的前例依赖症。思维上的前例依赖症使人凡事考虑前人的学说，囿于成见，不敢提出自己的新见解；故步自封、迷信权威、推崇定论，从而丧失创造力。

在心理学上，依赖型人格泛指个人自主精神甚弱，独立意识缺乏。依赖型人格缺乏自主性和独创性，渴望得到他人的帮助，极大地克制自我的兴趣和欲望。

人类在不断进步着，思想也在不断地进步着，这是总体的大趋势。人类的进步当然也不是一直都在进步，甚至有时候还在倒退，这也是不争的事实。

我们在谈到古人的见识和能力的时候，往往会认为他们的智力比较低下，想法比较简单，活动区域比较狭窄。这其实也都是对古人的误解。

因为在一定时期的古人可能由于种种原因，被蒙蔽了视听，被局限和束缚了手脚，就变得见识浅薄。不仅古人是这样，就连我们现代人也同样是这样，一旦被束缚和局限于狭小的空间里，也会变得愚昧之至的。

古人的活动范围并不小，那个时候几乎没有国家的界限，全世界都可以是你的，想跑到哪就跑到哪。因此黄种人可以在埃及，可以在巴比伦，也可在中华大地，也可以漂洋过海，到达太平洋的彼岸，繁衍成为印第安人。那时候还有着许多能力超级的动物，地上跑的，天上飞的，水里游的都有。现在我们说龙是虚幻的，但那个时候则是真实的动物，只不过因为环境恶化等原因造成了灭绝。许多动物都灭绝了。人们甚至可以乘着巨大的飞鸟自由自在地遨游全世界。但是后来的人们见不到了，就说那些只不过是虚幻罢了。再过若干年之后，我们的后代也只能说熊猫、老虎之类是传说中的动物了，并且也会说它们是虚幻的，并不存在。

我们还曾认为天是圆的，地是方的。因为这些都是祖先留下来的。但是祖先们错了。其实更早的祖先并不是这样认为的，而是认为大地是圆的。因为他们曾经亲眼看到过，并且记录了下来，留给了子孙后代一些证据。比如一些古老得难以想象的地图。据说有一张能够清晰显示南极大陆冰层覆盖之下的地图。我国也曾有一名留英学者，早些年他发现，中国的古老谜物太极图其实就是一张地球高空鸟瞰图，只不过是我们的太极图太规则了一些，这估计是最早发现古地图的人不知其为世界地图而人为地加以修改，让它变得美观了吧。

所有变化都不在我们人类的掌握之中。再举个简单的例子，比如我们在一张桌子上先放上一张桌布，再放上几个茶杯，然后打碎茶杯再拿走，再放上几个碗，几双筷子。如果我们没有看到这个过程，我们知道这个桌子上曾经发生过什么事情吗？我们不可能知道。

因此，我们在看待一些变化着的事物的时候，不可依赖已有的先例，要知道什么事情都有可能发生。至于发生什么，就看我们是用什么方式想问题的，在想什么，以及我们怎样去做。有人说现代都市生活中有依赖症的人很多，这里简单列举手机依赖症、工作依赖症和网络依赖症这几种。我们认为，虽然这些症状表现形式不同，但都属于前例依赖症的范畴。依赖所带来的负面影响同样值得我们警惕。

一、手机依赖症

如今手机这种通信工具所承载的职能已远不只是一般沟通工具那么简单，它的发明和使用给了无数职业经理人、白领精英和学生们增添了更多自我价值体现的途径。与此同时，它的存在也带给许多人群难以意识的困扰和心理疾患。症状表现是手机忘带心烦意乱、铃声不响左顾右盼、铃声一响条件反射、来电减少坐立不安等。

何晶是一家文化传播公司的高级主管，每天大大小小的事务忙得她团团转。手机、办公桌上的电话更是从早到晚响个不停，周围同事们看见她经常是一天恨不得腾出 4 只手来接听工作电话。时间长了难免让她觉得心烦。碰巧因为参与一场封闭式专业研讨会，原本想清净几天的她进入会场后不久就发现她的手机信号很弱，屏幕显示信号格一会儿飘到无一会儿飘到三，出乎意料的这种状况多少令她有些坐立不安，平日反感接电话的她一反常态，下意识地每隔三五分钟就从包里摸出手机来看看，但凡有短暂的休息时间，她就赶紧跑出会场找个信号好的地方待着，啥也不干就等着手机铃声响起。

有些人由于工作需要或其他原因，在日常生活中频繁使用手机，无意识中手机成为其生活的一部分。在来电数量突然减少或手机丢失情况下，这些人通常会出现上述反应。

摆脱手机依赖症的新思维模式是：职场人要多爱惜自己，为自己营造这个年龄应有的绿色生活，如郊游、健身、看书、听音乐等，以此分散对手机的注意力，并适时给予自己“没有手机打扰的日子真好”的心理暗示。

二、工作依赖症

竞争日益激烈的就业环境常常带给职场中的工作者诸多无形压力，如今在跨国公司工作的白领们也因此呈现出两极分化的局面。部分不堪忍受高强度负荷工作的员工在入行头两年自动辞职，另一部分留下来的员工则绝大部分都患上了工作依赖症。症状表现是失眠多梦、疲劳抑郁、无法迫使自己停下手头工作等。

“加班到晚上 12 点的情形是很正常的，有时实在手中的活儿太多的话，我们会连续干十几个小时，然后早上回家洗澡休息几小时后，中午再回公司接着干。因为工作时间过长的缘故，常常回家后很难入眠，好不容易睡着了梦里出现还是工作图表和数字。”这是一位入行知名跨国咨询公司3年的一个员工的工作状态。他坦言，“有的时候公司并没有安排你加班，但手头的工作量就摆在那儿，你要在限定的时间完成，不加班是不可能的，而且其他的人也都在这么干，几乎就没有自己的私人生活和时间。”许多IT公司也是如此，久而久之他们中的好些人都患上了工作依赖症，到了周末不用老板要求，也会自动跑到公司去加班。

专家认为，依赖工作的人，只有在工作的时候才会觉得自己很充实，他需要靠别人对其工作的评价来肯定自己，并且逐步会转变成衡量自我价值的唯一标准。归根到底，这是对周围环境缺乏安全感和自己不自信的表现，患上工作依赖症的人往往容易产生一种错觉，认为自己只有在工作上得到承认才有存在的价值。

摆脱工作依赖症的新思维模式是：自己学会寻找工作之外的其他乐趣，要认识到，工作可以摆在比较重要的位置，但决不能是个人生活的全部。

三、网络依赖症

网络性心理障碍是指患者往往没有一定的理由，无节制地花费大量时间和精力在国际互联网上持续聊天、浏览，以致影响生活质量，降低工作效率，损害身体健康，并出现各种行为异常、人格障碍、交感神经功能部分失调。其典型症状表现为情绪低落、无愉快感或兴趣丧失、睡眠障碍、生物钟紊乱、食欲下降和体重减轻、精力不足、精神运动性迟缓和激动、自我评价降低和能力下降、思维迟缓、有自杀意念和行为、社会活动减少、大量吸烟、饮酒和依赖药物等。

四、怎样才能在信息轰炸中保持头脑清明，专心工作

一是防止开小差。怎样才能克制住来自网络的诱惑，保持基本的工作热情？还得分析电脑前开小差的根本原因。这个根本原因，在于对本职工作兴趣不够，仅仅将之视为谋生工具。如果你努力培养工作兴趣，还是无法做到上班时间将主要精力用在工作，不妨换份工作，直到你的工作热情足以战胜开小差的冲动，你就算找对了岗位。

二是别让微博减弱工作记忆。据英国《每日电讯报》报道，英国心理学家最近称，上微型博客 Twitter（推特）会减弱人们的工作记忆。工作记忆是一种包括储存和使用信息的能力。心理学家认为它比智商更重要，更有助于人们获得成功和幸福。该研究称，微博信息太过简洁，人们根本不需要动脑子来对其进行处理，所以时间久了人们注意力的持续时间将会缩短。即便没有形成焦虑症或强迫症的危险，“微博控”也要保持淡定从容，千万不可让原本是能帮助我们提高生活质量的“围脖”，变成了制约我们发展的枷锁。

所以，网友“织围脖”，一定要明确自己是基于何种需要——如果是工作需要，工作完成后应尽量少上；如果仅是为了娱乐，在娱乐片刻后应停止关注。一旦出现失眠、注意力不集中，而且开始影响工作和生活，则要坚决和微博保持距离，不要为了上微博而牺牲休息时间。可以试着制订一个计划，每天逐渐减少上微博的时间，利用其他的休闲娱乐活动，如和朋友出去喝喝茶、逛逛街、运动健身等分散自己的注意力。如果发现已经无力控制自己的行为，则要及时寻求相关专家或医生的帮助。

三是清除干扰源。有个叫哈尼的策划人这样描述自己在这方面是如何清除干扰源的：

虽然一直是公司里公认的快枪手，但我不能不遗憾地承认，自从有了开心网、街旁网、微博、MSN 共享空间这样专供我等“文艺女青年”顾影自怜、自说自话的地方，我的工作效率大受影响。打开电脑的第一件事，再也不是工作，而是先到上述网站报个到，更

新自己的最新状态、报告自己的最新位置、贴贴自己的最新自拍照……再加上形形色色的团购网站每天如雪片般飞来的最新团购促销邮件，一个个浏览下来，一个小时已消失于无形了。唉！

直到某一天，MSN 共享空间突然关闭服务了。本来可以把里面的个人内容整体迁址到其他网站，可我左思右想，决定不转移，让它彻底消失，乘机把自己解放出来。果然，服务停止后，我也改掉了每天先上网看一遍自己玉照臭美的习惯。

因为这个缘故，我翻然醒悟：首先把浏览窗口收藏夹里的这些网址全部清除，再买了两本日程手册，家里和办公室里各放一本，每天要做的事情列出清单，一二二四五，完成后打钩；下班时核对账木，不允许欠账赖账。如此一来，工作效率果然大大提高，晚上总结一下，白天还是做了不少具体事务的，再也不至于一天下来只是浏览了几个网站、看了几个股票、记住了几个将来可以卖弄的段子、回复点评了几封无关痛痒的搞笑邮件。

此外，如果一直坐在办公室里，干扰会很多。比如同事们拉家常，不参加吧，会显得你很孤僻，影响人际关系；参加吧，又影响工作效率。而且，还会经常接到一些无关紧要甚至是打错了的电话，思路老是被打断，再接上头可就困难了。

公司无线网络已经全覆盖，在哪里都可以捧着笔记本上内网工作。所以，我常带上手机，泡一杯茶，写完手头紧急的文案，才笃悠悠地回到办公桌前，重新赢得忙于扫雷、打愤怒小鸟、炒股以及吹牛的同事们一阵阵惊叹：“哇塞，你又这么快！”

四是先断网，再工作。国企职员刘向这样介绍自己的经历：

“明天上班前，把工作总结完成给我。”老板交代完，就转身走开了。

离下班还有两小时，差不多够用了。等老板走后，我打开文档，刚打了个标题，QQ 头像闪了起来，朋友发来一句牢骚话：“忙了半天，终于忙完了，累。”我回复：“你的苦日子完了，我的苦日子却刚刚开始。”任务紧迫，闲聊是不可以了，果断与朋友告别，将 QQ 变成隐身状态。

朋友的头像不跳动了，QQ 群依然跳动不休。打开窗口，群里的朋友们正在讨论今夏服饰的流行趋势，这正是我所关注的，可工作在等着呢，只稍稍围观了一会儿，我痛苦地关掉窗口。

再忙不能丢了微博，我简短地打了一句话：“我要开始工作了。”一刷新，好友回复：“要记着劳逸结合，千万别累着哦。”千里之外，我微笑着点头，然后回复：“谢谢关心。”

突然想起，一位编辑说给我发了一个约稿，差点把这个重要的事情给忘了。打开邮件箱，仔细看了一遍约稿，心里就约稿的文章又浮想联翩了一下。又发了会呆，突然惊醒，我的工作总结还没开始写呢。

天啊，离下班只有一个钟头了，再不写真的来不及了。

QQ 群又在跳动，让我心烦意乱。得，干脆断网，眼不见心不烦。这下清静了，我全身心地投入工作总结。

一个钟头很快过去，下班了。我的总结还没写完，同事们陆陆续续走了，我还在敲键盘。又写了半个钟头，终于大功告成。

回家的路上盘算了一番：要是没有网上闲聊，下班前工作总结是能够轻轻松松完成的。说起来，全是网络的错。又一想，关网络什么事啊，是自己意志不坚定罢了。

五、怎样才能摆脱依赖

第一，承认依赖症。如果你认识到依赖症，并承认自己有依赖的倾向，就可以找到对症下药的解决办法。

第二，不要自责。患上依赖症的人，有时会对自己苛求，希望自己能在拒绝依赖的过程中变得更坚强些，但这种过度的自我控制有时反而会取得适得其反的效果。

第三，寻求他人帮助。有的患者原先依赖症的情况确实有所好转，却又很快陷入了努力过程中产生的新依赖症中。

第四，培养忍受孤独的能力。患上依赖症的人要学会享受一个人的时光，独处的时间能够帮助你客观正确地认识自己，也是形成自己独立个性所必需的。

第五，转移注意力。认识一些新朋友，学习一些新的技能，培养一些新的爱好等。帮助自己建立更多排解烦恼，获得安全感的方法。

当今，依赖症还有很多种，有的人依赖逛街购物，有的人依赖兴趣学习班，还有的人甚至依赖搞卫生……为什么依赖？是因为我们还在留恋那些幸福的余味。所以，除去心头对逝去岁月的一点点失落和眷恋，开始新的生活吧，让自己快乐的方式不应只有一种。

第八节　不重思考的思考不足症

思考不足症是对既定成规或上司的指示形成依赖心理，循规蹈矩，不愿开动脑筋，从而丧失思考能力。在日常工作中凡事拘谨、保守、吝啬，道德观念、责任心强，高标准严格要求自己，且要求身边的人也如此认真，每天只知埋头工作、学习，缺乏生活情调，也没有好朋友。症状表现为焦虑、畏难、心慌、心跳、失眠，常常感到力不从心，注意力不集中。

随波逐流、循规蹈矩是思维中的最大敌人。针对思考不足症的总体方略是：将“独立之思想，自由之精神”灌输于脑海，人云亦云的尽量不云，老生常谈的尽量不谈，要学会独立思考，而不是跟着“风”跑。对自己的人生不要考虑完美，要考虑最有特色。

伟大的科学家爱因斯坦，非常重视培养青少年勤于思考的习惯。他晚年住在美国普林顿一所简朴的木板房子里。邻居有个十一二岁的小女孩，放学后时常来看望这位白发苍苍的科学家。爱因斯坦也喜欢经常检查她的功课和作业。有一次，孩子拉着他的手亲昵地问：“爱因斯坦爷爷，这道题怎么做？”爱因斯坦和蔼地说：“孩子，要学会思考，不要一碰到困难就向别人伸手。”有时，爱因斯坦对小女孩稍加启发地说：“我给你指个方向，不过，答案还得用你的头脑去找。”

原来，爱因斯坦自己在少年时候就是个爱思考问题的孩子。他在 14 岁时，能够自学几何和微积分，在自学中一旦遇到困难，总是细心琢磨，反复思考，直到实在算不出来时才向别人请教：“给我指个方向吧！”但是不等人家开口，他就提出要求说：“不要把答案全部告诉我，留着让我思考。”后来，他成为了一位杰出的科学家。当人们赞誉他对人类作出的巨大贡献时，爱因斯坦笑着说："学习知识要善于思考思考再思考。我就是靠这个方法成为科学家的。"

既定成规不见得就是对的，要敢于怀疑、挑战和反叛。

五只猴子关在笼子里，只要一只猴子拿了香蕉，就用高压水教训所有的猴子，接着用一只新猴替换出笼子里的一只猴子，新猴一拿香蕉就被四只老猴痛打一顿，一直把五只猴子换完，猴子们都不敢动香蕉。猴子开始这样做时害怕株连是有道理的，但后来条件改变了，人和高压水都不再介入，新猴子们不会受到株连的惩罚了，却守着老制度不变，不去探寻为什么不可以动香蕉，仍然痛打动香蕉的猴子，就是可怕的路径依赖了。

拿破仑·希尔认为，影响人的深度思维的因素由三条：一是过去的经历可以影响我们思维的深度，二是当前的压力会影响我们思维的深度，三是缺乏洞察力会制约我们思维的深度。

莫言在《狼一样的反叛》中说：毛泽东从小就敢于跟父亲抗衡，用孔孟之道回复父亲的孔孟之道，回骂、逃跑、跑到池塘边威胁要跳下去，用自杀打败父亲；莫言自己的小女儿则是一打还反抗、二打则嘟囔、三打即投降，由此知道不会有大出息；邻居家一个小男孩，父亲打他时，像狼一样反抗，被踢倒在地，无法发泄愤怒，竟大把大把往嘴里塞沙土，噎得直翻白眼。他父亲吓得面如土色，从此再也不敢打他，这个小男孩现在 4 岁，我每次见了他都肃然起敬。

诺贝尔奖得主的身上有很多相似的地方，他们都强调好奇心，强调打破陈规的思维方式，不迷信权威，也不让自己的学生迷信自己。

劳伦斯·洛威博士，生前是哈佛大学最伟大的校长之一。他说过："只有一个方法能够真正地训练一个人，就是这个人要自动地去作用自己的脑子。你可以帮助他，你可以引导他，你可以向他暗示，而且最重要的，你还可以激励他。但是只有他自己努力获得的东西才是最有价值的；他所得到的成果，必然是和他所付出的努力成正比的。"

哲学家叔本华在论独立思考时说："从根本上来说，只有我们独立自主地思考，才真正具有真理和生命。纯粹靠读书学来的真理，与我们的关系，就像假肢、假牙、蜡鼻子甚或人工植皮；而由独立思考获得的真理就如我们天生的四肢，只有它们才属于我们。这就说明，为什么一个思想家和一个学者是截然不同的两码事。（假如你才智平庸，谦虚就是真诚；然而，假如你天赋甚高，谦虚即是虚伪。）”

一个人总琢磨一件事情，然后看到相关联的事物、经验成果和案例时，才会感到有灵感和受启发，而其他人因为没有日常的积累、留心和思考，此时即使也见到了同样的东西，也可能并没有什么特殊的感觉、心得和作用。

《塔木德》有这样一段案例：

教士问："有两个犹太人从高大的烟囱里掉下去，一个满身脏，一个很干净，谁会去洗身子呢？"

年轻人说："当然是满身脏的人！"

教士说："你错了！满身脏的人看着很干净的人想：我身上一定也是干净的；很干净的人看着满身脏的人想：我身上一定也是满身脏的。所以，是很干净的人去洗身子！"教士接着问，"两个人后来又掉进高大的烟囱，谁会去洗身子呢？"

年轻人说："当然是那个很干净的人！"

教士说："你又错了！很干净的人在洗澡时，发现自己并不脏；而那个满身脏的人则相反。他明白了那位干净的人为什么要洗澡，所以这次他跑去洗了。"教士再问，"第三次从烟囱掉下去，谁又会去洗澡呢？"

年轻人说："当然还是那脏身子的人。"

教士说："你又错了！你见过两个人从同一个烟囱掉下去，其中一个干净，一个脏的吗？

这就是《塔木德》的精髓，鼓励人们独立思考，不给人们权威性解释，我们必须融会贯通发表自己的见解。

思考者首先必须是一个独立的人，进而必须拥有独立思考的权利，才可以展开独立之思考。巴金曾经说过："有些人自己不习惯独立思考，也不习惯别人独立思考，他们把自己装在套子里。”一方面，作为思考者，就是冲破套子的人，既冲破别人所设的诸多套子和禁忌，也冲破自己已有思想的樊篱。另一方面，作为思考者，在思考的过程中，愈加清晰地认识到独立思考之于人，就像面孔和空气之于人，既是维系一个人存在的精神基础，也是人之基本权利。这其中，支撑着思考者的，不是勇气和良知等易于被摧垮的道德评判，而是对人之生命的尊重。若无独立思考，人如何证明自己的存在，人如何成为人而异于鹦鹉或木偶？

第九节　沉湎过去的未来缺乏症

所谓未来缺乏症，是指受缚于过去或现在的问题，看不见未来前景，因而痛苦、迷茫和失望，凡事缺乏信心，没有动力。

过去是我们的过去，而未来就是我们的现在。现实存在的也许并不一定尽如人意，却是我们曾经参与过的，参与无疑就是对既成事实的承认，所以我们无法反对。于是，我们唯一能做的，便是换一种思维方式，去适应现在的变化，而一旦真的适应了，我们就不是原来的我们了。

在许多年以前，有一个人曾作为一个富翁而裘衣肥马。那个时候，衣有锦绣行有专车的他，最深恶痛绝的莫过于那些不守交通规则的路人了，对于不知什么时候就会窜到马路中间的冒失鬼，他说得最多的一句话便是："这些人为啥都不要命呢？"

后来他突遭变故，一文不名之后，他开始习惯安步当车的生活，于是，他眼中便全是只争分秒、见缝就插的车了。此时的他，说的还是同样的一句话，只是指责的对象变了。现在，让他愤怒的是一路绝尘的有车一族。

一位朋友对于他的改变先是诧异，而后心有所思，朋友给他讲了一个意味深长的笑话，作为对今昔之我截然相悖行为的诠释。

齐国有位好色之徒，见邻居死了当家人，遗下一大一小两位漂亮的老婆，就挖空心思去勾引。邻人的大娘子非常贞洁，任你嘴皮磨破，就是不肯相从。小娘子水性杨花，不久就被他勾搭上了。

后来，他老婆死了，续弦时，知道的都以为他会娶邻家那位跟他相好的小娘子，结果他娶的却是不曾给过自己好脸色的大娘子。

有不解的就去问他："跟你好的不是他家的小娘子吗？"

那人迟疑了半天，老实回答："我也不知是什么缘故，以前，我是看他家小娘子好，如今，却是看他家大娘子好。"

朋友的意思是，一个人有什么样的立场，便决定了他有什么样的观念。即在一个人的思维方式中起决定作用的，并不是我们通常以为的大脑而是立场。如果一直站在过去的立场，就等于被过去束缚了，从而看不到未来。

事实上，这是无关道德善恶的正常反应。格局中的各方，其思维并非完全不变，只是要依情势而定。

一位著名的逃脱大师应邀到一个小镇表演，演出非常成功。所有的观众都被他的精彩表演吸引住了，他们的神经绷得紧紧的，仿佛和大师一同经历那惊心动魄的冒险。

演出结束了，小镇上的居民意犹未尽，他们给他出了一个节目，大师欣然答应了。

这是一个铁皮制成的箱子，只有一扇门，里面锁了一把锁。箱子顶上有个洞，刚好够一个人进出。大师要从上面的洞钻进去，然后打开锁，从门口出来。

大师先观察了那把锁，那是把极其普通的锁，比他以往任何时候对付过的锁都要简单得多。他自信地笑了笑，借助梯子爬上箱子顶端，先转了一圈，微笑着向观众挥手致意，一副胜券在握的样子，接着就钻进了箱子，开始了他的冒险旅程。

大师先用他最常用的方法试着把锁打开，但没有奏效。接着他又试了另一种方法，但锁似乎有意跟他作对，依然纹丝不动。大师只好静下心来，用一个又一个方法试着打开那把锁。

时间一分一秒过去了，但箱子里还是没有动静，有的观众站起来，想看看发生了什么事。箱子里大师的方法已经差不多用尽了，还是不行，他的额头沁出了汗珠，手也开始发抖了："见鬼，怎么还是没打开！"大师一下子瘫倒在箱子里，呆呆地望着那把锁。

这时，他的脚刚好碰到了门，"吱"一声，那门竟然开了，一束亮光射了进来。原来这门根本就没有上锁，那把所谓的锁不过是外表像锁的东西罢了，整件事不过是小镇居民和他开的一个善意的玩笑。

逃脱大师居然困在了一个没有上锁的箱子里，显然，那是因为在他看来：一切东西都是加了锁的，这样正好能发挥自己的专长。久而久之，他就习惯了只用一种眼光看待任何事情，只用自己最擅长的方法来解决问题，就好像他心里有了一把锁，永远都解不开。

我们很多时候心里何尝不是也有一把这样的锁？我们总是生活在“格局”当中，习惯性地用过去的经验和想当然的角度和方法，去看待问题，解决问题，可是，有的事情时过境迁，已经发生了质的变化。而且，眼下的问题也并不如想象的那么复杂，就如同那扇门，只要用脚轻轻一碰就开了。有些时候，我们被困住，也许不是事件本身，而是我们自己的思维方式。

库里希坡斯说：过去与未来并不是存在的东西，而是存在过和可能存在的东西。唯一存在的是现在。

昨日已成为历史，明日尚不可知，只有今天才是上天赐予我们最好的礼物。因为我们都处在往昔和未来的交点上，往昔永不再来，未来又尚不可知，抓住今天的平凡，过好每一天，把所有的今天、平凡叠加起来，就是你的不平凡。

对于自己的失误，我们愿意承担所有这些事件带来的相应的痛苦和惩罚。但是，对那些与这些事情无关的、过分的、多余的、不恰当的、不相称的、不公平的痛苦和和惩罚，要勇敢地大声地说：我不要！

把过去和现在分开，这是一种解决难题、减轻压力、解脱自我的好办法。在竞争激烈的现实生活中，我们应该学会运用这种方法。

法国著名哲学家、作家亚兰在《幸福论》中说：“我们的过去不复存在，我们的未来不见踪影，所以我们不必为过去和未来而愁苦，我们只需认真地活在现实里”。李大钊说：“无限的过去，都以现在为归宿。无限的未来，都以现在为渊源。过去、未来的中间全仗有现在以成其连续，以成其永远，以成其无终的大实在。”

太阳每天都是新的，昨天跌倒了，并不意味着今天我们也会跌倒；今天失败了，明天的成功可能正在向我们招手，但这成功需要我们今天付出努力。昨天的挫折，其实是我们迈向成功的阶梯。失败一次，我们就向成功靠近了一步。我们都有许多从零起步的新的机会，好好把握这零的机遇，抓住今天的每一时，每一刻，充分利用它，奋力向前，只要永不放弃，永远拼搏，成功的桂冠早晚会戴在我们的头上。

愚昧的人陷入昨天的苦痛中软化自己的脊骨，明智的人看重今天珍惜生活赠送的新机遇。我们常常不是失败在昨天，而是失败在没有很好地利用今天。总结昨天，我们可以把不需要的记忆忘却；用好今天，我们可以寻找到一个新的向前延伸的成功的亮点。

昨天、今天、明天构成了人生旅途，昨天是回忆，今天是现在，明天则是希望。一个生活在昨天的人是不会进步的，即使昨天再美好，它却永远成为过去，跟不上今天的步伐，更谈不上明天的飞奔。所以告别昨天，我们将看到一个更广阔的天地，将搭上时光的快车尽情遨游。

第十节　无力应变的变化恐惧症

变化恐惧症就是抗拒变化、反应过度而采取错误的行动。

从很小的时候起，人们就渴望永恒、希望熟悉的事物，信赖的人永远留在自己身边。这种渴望对于正在成长的我们来说格外重要。因为它让我们发展出人性的特质，有感情、个性、爱人的能力，学着信任别人、怀抱希望。但从分裂人格者的身上，我们看到的是幼年期关系人更换频繁或者缺失，导致他发展迟缓，了无乐趣。因此在他看来，意见、经历、观点、规范与习惯应该像铁铸的一样，变成永远有效的原则、无可争议的规矩、永远的法律。有些人害怕改变的程度达到了患上恐惧症的地步。

一本名叫《谁动了我的奶酪》的小书，讲的是关于变化的故事：

在迷宫中两只小老鼠和两个小矮人同时找到一大堆奶酪，他们欣喜若狂。随后的日子，靠勤奋找到奶酪的小老鼠为保持生存技能，照样脚穿跑鞋，每天从窝里早早跑出去搬奶酪，并留心奶酪的数量和气味与前一天的不同。一发现奶酪快被吃光，早有心理准备的小老鼠就头也不回地跑向未知的迷宫深处，开始寻找新的奶酪和机会。而靠思考能力找到这堆奶酪的小矮人，为了省事，把家搬到了奶酪的近旁，扔掉跑鞋，一边享受安逸的生活，一边品尝成功给他们带来的膨胀感。直到有一天奶酪吃没了，面对新情况毫无准备的他们，开始气愤地大喊大叫："这不公平！是谁动了我的奶酪？"

故事很简单，却被商界人士视为变革时代小小的圣经。这个故事点醒了我们的一种思维：变化是生活中的常态，谁都无法回避。变化并不可怕，可怕的是我们自己失去警觉，进而作出错误的判断，甚至采取错误的行动。

面对日新月异的变化，我们是恐惧它，还是享受它？是被动改变，还是主动应变？在现实生活中，有的人却能够不等不靠不参照，通过挖掘自身的潜力，闯出一条成功的道路。

老张于1995年辞去公职下海办企业，公司在当时经济相对较为落后的山东德州，从事的行业又是新兴的太阳能行业，无论是企业还是行业都是苦命出身，一穷二白什么也没有，既无先例可以参照，又无现成的生产线可以引进。“命”虽然不好，但老张及他的团队在这种现实面前不认输，没有人才愿意扎根德州，他们就自己培养人才；没有现成的生产线可供引进，他们就自己创新研发；没有销售渠道他们就一点点从德州出发，建立起全国销售网络；企业不为人所知，他们就科普创市场文化立品牌，摸索出一条实现太阳能产业可持续发展的道路。

老张他们在做事的同时也做成了市做大了势，在太阳能这块未被开垦的新大陆上跑马圈地，圈品牌，圈市场，圈技术，成了太阳能产业的开拓者和形象代言人，筑就了太阳能第一品牌，企业与产业获得了双赢，使中国太阳能光热技术领航世界。劣势反而变成了优势，皇明所在地山东德州，成了中国太阳能人才的培训基地，成了全球最大的太阳能热水器生产基地。

老张常想，自己是一个逆来顺受的人，又是一个倔犟不服输的人。如此矛盾的综合体所表现出来的，是一种很多人选择的认命不认输的人生态度。这种人生态度之所以如此走运，其关键所在是确定什么事应该顺势而行，什么事要逆来顺受。

老张认为，当你无法从客观现实中得到可以借鉴的资源时，抱怨和牢骚将会让你陷入痛苦的深渊，但是如果你“认命”认可了这样的事实，要去达成自己的目标，你就会从自身找问题去解决和推动，那你就会务实，就会心态平和，充分发挥自己的主观能动性，寻找新的路径和改善方法。当你最终达成结果时，你会发现你已突破了以前固有的解决问题的方法，反而因为工作中的种种受限而开辟出全新的思路，不但升华了自己还带动影响了他人。

“人生不如意者十有八九”，而扭转乾坤的是一种积极的人生态度：认命的目的是降低甚至摆脱开自己对外界环境的依赖，在现有的平台上重新整合资源，改变不了环境时就改变自己，改变不了别人时就跟自己较劲，挖掘自身的潜力。像在贫瘠土壤里那颗有生命力的种子，放哪儿在哪儿发芽，不因为条件的不适宜而放弃生命，反而将有限的资源紧紧抓住，将其最大化最优化，甚至最后因自己内力的改变而推动着整个外部环境的变化。

认命不认输的人生态度，虽然表面上看是认命，实际上是保护了上进心，不认命的话一次次受到打击反而会认输。认命不认输是人生的大智慧。

象征着给我们带来幸福的奶酪，可以是好单位、好丈夫、好妻子，或者是成功的事业，甚至是财富、学识、健康、人际关系。我们已有的奶酪都是有保质期的，而且在今天保质期会越来越短，没有任何奶酪大得这辈子吃不完，好得这辈子坏不了。不要死到临头，才知道“变化总是在发生，他们总是不断地拿走你的奶酪”这个简单的道理。

我们的“往前一跳”或许不至于让我们受不了，但是仍然具有很大的挑战性：从向来不对丈夫表示我们需要什么，到开始表达自己的感觉；从扮演幕后功臣的雇员，到要求老板让我们负起更大的责任；从生性害羞安静到主动交朋友；从一直保留高中时代的发型到换个发型。当我们考虑要不要往前跳时，害怕是否是正常的反应？当然是。这边的悬崖代表你的舒适区。即使我们在这里很不快乐，例如困在没有发展的工作里，或是在不愉快的爱情里受苦，这里仍然是熟悉的领域。我们的心会把熟悉诠释成安全。“不要跳。”它警告我们：“我们可能会受伤。谁晓得会发生什么事？为什么要冒险呢？留在这里至少比较能掌握状况。”

在阻碍成功的方法当中，抗拒变化是最常见、最致命的一种方法。对于成长来说，改变是必要的、无法避免的。我们往往必须经历变迁，却不知会得到什么结果，还没有得到新的，就得放下旧的。我们必须在没有桥梁的情况下跳过深渊。这就是它令人害怕的原因。

当我们放下某样东西，我们会创造出一些空间。大自然的一项基本原则就是，宇宙不喜欢空虚的状态，它会往它能找到的任何空间蔓延。

就情感与灵性方面的成长来说，这个原则主张，当我们让心中有一些空虚感、有一块空缺，某种东西就会充满它。但是，我们必须先清除旧有的东西。我们必须放手。当我们抗拒改变，把眼前的东西抓得太紧，拒绝放下的时候，恩典就无法轻易地进入我们的生命。

每一个出口都是另一个入口，导向另一个地方。改变是无法避免的，所以，别再抗拒。不愿改变自己，这只能加深我们的痛苦。这是一个充满变化的世界，因此我们自己要做好随机应变的准备。无论任何时刻，只要我们冒险去作改变，变成跟以前不一样，我们就进入了未知的领域。

每一天对我们而言都是崭新的一天。所以人们都应该以新的面貌去迎接每一天。不能让害怕改变成为阻碍我们创造生活、享受生活的原因。如果患有变化恐惧症的人始终无法进行自我调节，那么只能够寻求心理专家的帮助了。

第十一节 固有的局限性思维

局限性思维的特征是只着眼于事物的一部分，错失重要的全貌或本质。突破思维局限性，方能看清楚事物的真相，因此我们应该钻进去、跳出来地看问题，善于用发展的理念看待和处理问题。

“如果你知道有一个女人怀孕了，她已经生了8个小孩，其中有3个耳朵聋，两个眼睛瞎，一个智力有问题，而这女人自己又有梅毒，请问，你会建议她堕胎吗？”根据我们的经验，我们会马上回答说：“肯定不能再生了”。如果真的这样，我们就扼杀了贝多芬。每个人的经验，周围的环境，读过的书，接触过的人都在限制我们的思维。我们的思维很难突破局限性思维这个魔咒。这样，随着我们的经验越来越多，思维就受到了更大的局限。

那么，怎么才能突破思维的局限性？一旦突破了我们思维的局限性，就会有创新，于是产生了DELL（戴尔）、GOOGLE（谷歌），于是汽车为平民百姓所能购买……

有一年，美国北部下大雪，积雪压断了高压电线，造成巨大损失。为此美国通用电力公司召开会议，以期通过集体智慧找出解决方案。参加会议的都是不同专业的技术人员，在宣布会议的原则和目的后，大家便七嘴八舌地议论开来。有人提议用线路加温器消融积雪，有人则提议安装振荡器以抖掉积雪，有人提议设计一种专用的电线清雪机清楚积雪，也有人幽默地提出：“能不能带上几把大扫帚，乘坐直升机去清扫电线上的积雪？”各种各样的方案提了出来，对于那种坐直升机扫雪的设想，大家心里尽管觉得滑稽可笑，但在会上也无人提出批评。

有一工程师在百思不得其解时，听到用飞机扫雪的想法以后，大脑突然撞击出思想的火花，一种简单可行且高效率的清雪方法冒了出来。他想，每当大雪过后，出动直升机沿积雪严重的电线飞行，依靠高速旋转的螺旋桨即可将电线上的积雪迅速扇落。他马上提出用直升机扇雪的新设想，顿时又引起其他与会者的联想，有关用直升机扇雪的主意一下子又多了七八条。不到一小时，与会的10名技术人员共提供出90多条新设想。会后，公司组织专家对设想进行分类论证。专家们认为设计专用清雪机、采用电热或电磁振荡等方法清除电线上的积雪在技术上虽然可行，但研制费用大，周期长，一时难以见效。那种因坐飞机扫雪激发出来的几种设想，倒是一种大胆的新方案——利用直升机高速飞过时所产生的气流来清理电线上的积雪。经过现场试验，发现用直升机扇雪真能奏效，一个久悬未决的难题终于在思想碰撞中得到了巧妙的解决。

在这个故事中，之所以能够找到最后直升机扫雪的方案，得益于头脑风暴法的实践原则。所谓头脑风暴法，就是当一群人围绕一个特定的领域踊跃地、平等地、夸张地、大量地产生新的观点，这种收集意见建议的方式就叫做头脑风暴。

原则之一：鼓励狂热的和夸张的观点

狂热或者夸张的观点，也许正是被一般人所认为不可能的解决问题之道。一般人总会排斥夸张或者狂热的想法，殊不知正是很多夸张甚至狂热的想法改变了我们的生活。如果没有夸张的想法，福特不会发明流水线，让每个人都买得起汽车；如果没有夸张的想法，就不会有现在家家户户都使用的PC电脑。坐直升机扫雪正是一个看似愚蠢的、夸张的想法，却成了最后解决方案的源泉。

原则之二：没有对观点的批评

在会议中，没有人批评别人的观点。这有两个意义：一是任何观点在没有经过验证的情况下都有可能是对的。案例中乘坐直升机带上扫把扫雪也是有可能的。二是任何人都有一种心理，就是害怕自己的观点受到别人的耻笑，这可能就是我们所说的面子问题吧。如果在一个很轻松的、没有批评与约束的场合下，任何人都可能闪现智慧的火花。

原则之三：追求观点的数量

为了解决清除积雪问题，与会的10多名技术人员一共说出了90多条方案。在90多条方案中进行选择，选择的余地是很大的。如果只有一条或者几条方案，那选择的余地将会很窄，违背了最初头脑风暴的初衷。数量越多，可以选择的余地就越大，对于最后问题的解决是有好处的。

原则之四：在彼此的观点之上建立新观点

利用直升机的气流清除积雪正是建立在坐飞机扫雪方案的基础上。这就是，在思想的碰撞中产生的火花。

头脑风暴法运用的范围非常广泛，在企业管理中也得到了大量的运用。就个人头脑风暴而言，就是按照头脑风暴的原则，从不同的角度将各个观点罗列出来。由于个人头脑风暴单独进行，要运用好的关键就是需要从不同的角度去思考问题。在个人头脑风暴的时候可以进行逆向思维，以另外一种观点与立场来提出新的观点。

第一，要有创造性思维。创造性思维是头脑风暴的生命所在。但是现实中，大多数人往往不会主动地进行积极的思考。这时，就需要自我启发，比如在进入正题之前做做脑筋急转弯游戏，或者看看头脑风暴的一些案例，类似问题的案例对我们是有启发的。

第二，抓住主题问题。头脑风暴并不是漫无目的的瞎编乱造，海阔天空，而是要针对一个特定的问题。所以，在头脑风暴之前，应该事先确定主题，集中思索核心内容。

第三，进行综合分析。头脑风暴是为了解决问题。当脑子里想到足够多的方案的时候，就需要逐条对各个候选方案进行归纳与整理，选出最适合的方案来。这时候，就需要系统、缜密的分析与整理了。

头脑风暴这个小工具虽然简单，但是确很有用。当我们遇到一个新的观点或者新的想法，或者自己有个奇怪的、不符合过往的经验，甚至不符合逻辑的时候，一定要想想头脑风暴。

第十二节　如何打破消极思维模式

假设你有种坏的思维习惯，如总是不断重复某种消极的想法，并假设这想法跟生活中的事件并无关系，仅仅是种消极的念头，诸如“我好沮丧”，或“我讨厌我的工作”，或“我干不了这个”，或“我讨厌变胖”，被这样的思想占据脑海时，你该如何才能改掉这种坏习惯呢?

确实有许多方法可以打破消极思维模式，基本核心是用一种新模式来替代旧模式。事实上，从心底抗拒消极思想这样的做法经常适得其反，使你只会把情况弄得更糟，消极的念头会更强烈，你越是用同样的办法去刺激那些神经元，原有的思维模式就会越稳固。

这里有一种用来破解消极思维模式的方法。这是基于神经语言程式学中的闪变模式和一种名为连锁记忆的记忆法来发明的方法。虽然就个体而言这种方法未必一定收到最佳效果，但有研究者证明，这种方法对一些人的作用确是不可小觑的。

这个破解消极思维模式的方法总的原则是：我们不要试图去抗拒消极思维模式，相反，我们要让它改道，可以把它想象成一种修炼的心理功夫，让消极思想的能量改道流向积极思想。无论消极思想何时出现，只需在心理上建立条件反射，我们的思路就能自动流向与此相关的积极思维。就像巴甫洛夫的狗，一听到铃响，就会分泌唾液。

假设我们的消极思想是默念式的，也就是说，我们仿佛听到脑海中有个声音在念叨着某种你想改变的事，比如，“我是个傻瓜。”如果这种消极思想是图像式的或是身体知觉式的，我们也可以用与此相似的方法。以下是具体步骤。

步骤一：把消极思想图像化

把脑海中的小声音转换成相关的图像。比如，如果你想的是“我是个傻瓜”，那就想象自己戴着顶小丑帽，穿得非常可笑，像个傻瓜般跳来跳去。想象你被许多人围观，你一边大叫“我是个傻瓜”，大家一边对你指指戳戳。场景越夸张越好。想象明亮的颜色，生动的形象，以及快速的动作。甚至可以想象一些关于性的场面，只要你觉得有助记忆。在脑中一遍遍演练，直到你每次一有这种消极念头，脑中就会自动出现这个愚蠢的场景。

如果你觉得把它图像化很难，也可以用上述办法把它听觉化。把消极思想转换成声音，比如你哼唱的旋律，用声音取代图像，完成上述过程。无论哪种方式都会生效。

步骤二：选择一种替代想法

现在，要决定用哪种想法来替代那个消极想法。如果你一直在想“我是个傻瓜”，也许你会用“我是个天才”来替代。选一种能破除原有消极想法造成的影响的新想法。

步骤三：把积极思想图像化

现在重复第一步的过程，用积极思想建立一个新的思维场景。就“我是个天才”这个例子而言，你可能会想象自己傲视群雄，像超人那样双手叉腰站着。想象你头顶上方出现了一个巨大的灯泡。灯泡亮了，光芒如此炫目，你看见自己正在大喊：“我是个天——才——！”再次不断演练这个场景，直到想到这句话时就会自动出现这个场景。

步骤四：在心里把两幅图像相关联

现在，在心里把第一步和第三步想好的场景关联起来。这种技巧常用在诸如连锁记忆和定位记忆之类的记忆法中。你要把第一个场景变成第二个。神经语言程式学的闪变模式会让你直接从第一场景切换到第二场景。简单的切换效果不是很好，也很难持久。因此你最好想办法从第一场景自然地发展到第二场景，如假想自己是个电影导演，现在已经有了开头和结局，因此必须设计出中间的过程。但你的电影只有几秒钟，所以你要想个办法让剧情尽可能快地发展。

比如，第一场景中的围观者之一可能会朝你扔一个灯泡。你抓住了灯泡，把它拧在那个人的头顶上，他疼得缩了回去。灯泡立即变得巨大，并发出炫目的光芒，让围观者都睁不开眼睛。你扯下自己的可笑的衣服，露出里面华丽的白袍，像超人般昂首挺胸，自信满满地喊道：“我是个天——才——！”围观者刷刷下跪，朝你顶礼膜拜。同样，场景越夸张越好。夸张能让你更容易地记住，因为我们的大脑天生就喜欢记不寻常的事物。

一旦你把整个场景都想好了，就再快速地演练几遍。不断重复整个场景，直到你可以在两秒之内把它从头到尾想完，时间越短越好。这种迅速闪现，比你在现实世界里看到的要快得多。

步骤五：测试一下效果

现在，你得测试一下这种思维转换，看是否生效。这很像是你在电脑上输入旧的网址，它就会转换成新的网址，当原来的消极念头涌现出来，头脑就会自动把它变成积极场景。消极的念头一闪，你就应该能迅速想起积极的念头。如果你前面的步骤没做错，那积极的念头你想抑制都抑制不了。

消极想法是你的头脑自动运行整个模式的源头。所以，无论何时，只要你突然想到“我是个傻瓜”，在你反应过来之前，这个念头就会变成“我是个天才”。如果你以前从未练习过图像化，那完成整个过程可能需要几分钟或更久。熟能生巧，一旦习惯了，全过程只需几秒就能搞定。别因为一开始速度太慢而觉得气馁。这是一种可习得的技巧，跟其他任何技巧一样，在第一次用时也难免笨手笨脚。只要你根据自身情况坚持下去，就一定就收到预期效果。

第十三节 解决问题应遵循的一般思路

我们每个人一生之中，总会遇到无数的问题与困难。而如何解决问题的思考方式，将是事件结果的关键点。那么，我们该如何去思考一个问题，让其结果与我们所希望的结局一致或几乎相同呢？

思维总是体现在一定的活动过程中，主要是问题解决的活动过程中。问题解决是思维活动的普遍形式。问题解决过程是一个发现问题、分析问题，最后导向问题目标与结果的过程。因此，问题解决一般包括提出问题、明确问题、提出假设、检验假设四个基本步骤。

一、提出问题

问题就是矛盾，发现问题就是发现矛盾的存在，并产生解决矛盾的需要和动机，这是把社会的需要转化为个人思维活动的过程。发现问题是问题解决的开端，也是问题解决的动力。只有发现问题，才能激励和推动人们投入问题解决的思维活动之中。提出问题是问题解决的开端。

能否发现具有重大社会价值的问题，取决于多种因素。

一是依赖于人的思维活动的积极性。勤于思考、善于钻研的人，才能从细微平凡的事件中发现关键性问题。思想懒惰、因循守旧者难于发现问题。例如，牛顿发现地心引力，瓦特发明蒸汽机，巴甫洛夫发现狗的心理性唾液分泌等都是勤于观察、思考的结果。

二是依赖于人的认真负责的态度。人的活动积极性越高，社会责任感越强，态度越认真负责，越容易发现问题。例如，一个工作认真负责的教师，很容易发现学生中出现的学习、心理等问题。而一个没有认真负责态度的人，对周围的一切问题将会熟视无睹。

三是依赖于人的兴趣爱好和求知欲望。兴趣广泛、求知欲望强烈的人，一般不满足于对事物的公认的、表面的解释，而是力求探究事物的内部原因，能够见人所未见，想人所未想，发现事物的本质和规律。

四是依赖于人的知识经验的丰富程度。一般来说，知识渊博、经验丰富的人，能够提出深刻而有价值的问题；而知识贫乏的人不容易提出问题，也不容易抓住要害提出深刻性的有价值的问题。

二、明确问题

所谓明确问题就是分析问题，抓住问题的核心与关键，找出主要矛盾的过程。明确问题依赖于两个条件：

一是依赖于是否全面系统地掌握感性材料。问题总是在具体事实上表现出来的，只有当具体事实的感性材料十分丰富且符合实际时，才能通过分析、综合、比较等，使矛盾充分暴露并找出主要矛盾。这是明确问题的关键。

二是依赖于已有的知识经验。知识经验越丰富，越容易分析问题并抓住主要矛盾，越容易对问题进行归类，使思考具有指向性，便于有选择地应用原有知识经验来解决当前的问题。

三、提出假设

提出假设就是在明确问题的基础上，对问题解决的具体方案提出假定和设想。问题解决的方案常常是先以假设的方式出现，经过验证逐步完善的。假设是人们推测、假定和设想问题的结论与问题解决的原则、途径、方法。

假设的提出是从分析问题开始的，在分析问题的基础上，根据问题的性质、问题解决的一般规律及个人的知识经验，在头脑中进行推测、预想和推论，然后有指向、有选择地提出解决问题的建议和方案（即假设）。方案是否符合实际，是否有利于问题的解决，还有待于验证。假设的提出就为问题解决搭起了从已知到未知的桥梁。

假设的提出依赖于许多条件，已有的知识经验、智力水平、创造想象力、直观的感性形象、尝试性的实际操作、言语表达和创造性构想等对其有重要影响。

四、检验假设

检验假设是对假设进行验证的过程，它是问题解决的最后步骤。检验假设的方法有两种：

一是直接检验。即通过实验和实践活动来检验。这是检验的最根本、最有效的手段。例如，机器坏了，我们查找到原因，提出解决方案，进行实际维修，看一看这种维修方案是否解决问题。

二是间接检验。即在头脑中根据已掌握的科学原理、原则，利用思维对假设进行论证。对于那些不能立即通过实践直接检验的复杂的假设常采用间接检验。例如，我们研制的卫星、导弹、运载火箭等不可能一遍又一遍地进行直接检验，而是反复地进行间接的理论论证，认为万无一失了再进行直接检验。医生设计的治疗方案、军事指挥员提出的各种作战方案等，都总是先在头脑中进行反复地推敲、论证，最后付诸实际。

实践是检验真理的唯一标准，任何假设的正确与否最终都要接受实践的检验。其结果可以有两种情况：一种是假设与检验的结果符合，这样的假设是正确的；另一种是假设与检验的结果不符合，这样的假设就是错误的，这种情况下就要重新提出假设。正确的新假设的提出有赖于对以前失败的原因进行充分地了解和分析。检验假设直到结果正确为止。

第二章 开发和利用思维资源

思维是人类最宝贵的资源，又是足以影响人成败的关键因素。它就像蕴藏在大脑中的石油，只要合理地发掘和利用，就能够帮助我们创造出越来越多的奇迹和美好篇章；反之，若开掘无度、无章可循，只能造成资源的浪费与一生成就的湮没。

第十四节　思维是人类最宝贵的资源

鲁迅先生曾说过这样一段话："外国用火药制造子弹来打敌人，中国却用它做爆竹敬神；外国用罗盘来航海，中国却用它来测风水；外国用鸦片来医病，中国却拿它当饭吃。"我们在回味鲁迅先生的这番尖锐的评论时，不应只将其作为揭露国人悲哀的样板，更应当思考其中蕴涵的更深层的意义：面对同样的事物，中国人与外国人为什么会采取不同的态度？为什么会有截然不同的用途？

难道说中国人没有外国人聪明？但事实却是中国人发明火药、指南针的时间比外国人早了几百年。难道说中国人不思进取、甘愿落后？这恐怕也不符合事实。中国人一向以自强不息、积极向上的面孔示人。那么，我们只能将其归结为思维方法的不同。

思维是人类最宝贵的一种资源，是一种复杂的心理现象。心理学家与哲学家都认为，思维是人脑经过长期进化而形成的一种特有的机能，并把思维定义为人脑对客观事物的本质属性和事物之间内在联系的规律性所作出的概括与间接的反应。我们所说的思维方法就是思考问题的方法，是将思维运用到日常生活中，用于解决问题的具体思考模式。

我们说，思路决定出路。因为思维方法不同，看问题的角度与方式就不同；因为思维方法不同，我们所采取的行动方案就不同；因为思维方法不同，我们面对机遇进行的选择就不同；因为思维方法不同，我们在人生路上收获的成果就不同。

有这样一个小故事，希望能对大家有所启发。

两个乡下人外出打工，一个打算去上海，一个打算去北京。可是在候车厅等车时，又都改变了主意，因为他们听邻座的人议论说，上海人精明，外地人问路都收费；北京人质朴，见吃不上饭的人，不仅给馒头，还送旧衣服。去上海的人想，还是北京好，赚不到钱也饿不死，幸亏车还没到，不然真是掉进了火坑；去北京的人想，还是上海好，给人带路都挣钱，还有什么不能赚钱的呢？我幸好还没有上车，不然就失去了一次致富的机会。

于是，两个乡下人在退票处相遇了。原来要去北京的得到了去上海的票，去上海的得到了去北京的票。去北京的人发现，北京果然好，他初到北京的一个月，什么都没干，竟然没有饿着。不仅银行大厅的太空水可以白喝，而且商场里欢迎品尝的点心也可以白吃。去上海的人发现，上海果然是一个可以发财的城市，干什么都可以赚钱，带路可以赚钱，开厕所可以赚钱，弄盆凉水让人洗脸也可以赚钱。只要想办法，花点力气就可以赚钱。

凭着乡下人对泥土的感情和认识，他从郊外装了10包含有沙子和树叶的土，以“花盆土”的名义，向不见泥土又爱花的上海人出售。当天他在城郊间往返6次，净赚了50元钱。一年后，凭“花盆土”，他竟然在大上海拥有了一间小小的门面房。在长年的走街串巷中，他又有一个新发现：一些商店楼面亮丽而招牌较黑，一打听才知道是清洗公司只负责洗楼而不负责洗招牌的结果。他立即抓住这一空当，买了梯子、水桶和抹布，办起了一个小型清洗公司，专门负责清洗招牌。如今他的公司已有150多名员工，业务也由上海发展到了杭州和南京。

不久，他坐火车去北京考察清洗市场。在北京站，一个捡破烂的人把头伸进卧铺车厢，向他要一个啤酒瓶，就在递瓶时，两人都愣住了，因为5年前他们曾经交换过一次车票。

我们常常感叹：面对相同的境遇，拥有相近的出身背景，持有相同的学历文凭，付出相近的努力，为什么有的人能够脱颖而出，而有的人只能流于平庸？

为什么有的人能够飞黄腾达、演绎完美人生，而有的人只能一败涂地、满怀怨恨而终？

我们不得不说：这些区别和差距的产生，恰恰就在于思维方法的不同。

成功者之所以成功，是因为他们掌握并运用了正确的思维方法。正确的思维方法可以为人们提供更为准确、更为开阔的视角，能够帮助人们洞穿问题的本质，把握成功的先机。而失败的人之所以失败，是因为他们不善于改变思维方法，陷入了思维的误区和解决问题的困境，就像一位工匠雕琢一件艺术品时选错了工具，最后得到的必然不会是精品。

为什么从苹果落地的简单事件中，只有牛顿能够引发万有引力的联想？为什么看到风吹吊灯的摆动，只有伽利略能够发现单摆的规律？为什么看到开水沸腾的景象，只有瓦特能够将其原理运用到蒸汽机的创造之中？因为他们运用了正确的思维方法，所以他们才能走在时代的最前沿。

第十五节　启迪思维是提升智慧的途径

我们一直都深信知识就是力量，并将其奉为金科玉律，认为只要有了文凭，有了知识，自身的能力就无可限量了。事实却不完全如此，下面这个小故事也许能够给你带来一些启示。

在很久以前的希腊，一位年轻人不远万里四处拜师求学，为的是能得到真才实学。他很幸运，一路上遇到了许多学识渊博者，他们感动于年轻人的诚心，将毕生的学识毫无保留地传授给了年轻人。可是让年轻人感到非常苦恼的是，他学到的知识越多，就越觉得自己无知和浅薄。

他感到极度困惑，这种苦恼时刻折磨着他，使他寝食难安。于是，他决定去拜访远方的一位智者，据说这位智者能够帮助人们解决任何难题。他见到了智者，便向他倾诉了自己的苦恼，并请求智者想一个办法，让他从苦恼当中解脱出来。

智者听完了他的诉说之后，静静地想了一会儿，接着慢慢地问道："你求学的目的是为了求知识还是求智慧？"

年轻人听后大为惊诧，不解地问道："那么求知识和求智慧有什么不同吗？"

那位智者笑道："这两者当然不同了，求知识是求之于外，当你对外在世界了解得越深越广，你所遇到的问题也就越多越难，这样你自然会感到学到的越多就越无知和浅薄。而求智慧则不然，求智慧是求之于内，当你对自己的内心世界了解得越多越深时，你的心智就越圆融无缺，你就会感到一股来自于内在的智慧和力量，也就不会有这么多的烦恼了。”

年轻人听后还是不明白，继续问道：“智者，请您讲得更简单一点好吗？”

智者就打了一个比喻：“有两个人要上山去打柴，一个早早地就出发了，来到山上后却发现自己忘了磨砍柴刀，只好用钝刀劈柴。另一个人则没有急于上山，而是先在家把刀磨快后才上山，你说这两个人谁打的柴更多呢？”

年轻人听后恍然大悟，对智者说：“您的意思是，我就是那个只顾砍柴而忘记磨刀的人吧！”智者笑而不答。

人们往往把知识与智慧混为一谈，其实这是一种错误的观念。知识与智慧并不是一回事。一个人知识的多少，是指他对外在客观世界的了解程度，而智慧水平的高低不仅在于他拥有多少知识，还在于他驾驭知识、运用知识的能力。其中，思维能力的强弱对其具有举足轻重的作用。

人们对客观事物的认识，第一步是接触外界事物，产生感觉、知觉和印象，这属于感性认识阶段；第二步是将综合感觉的材料加以整理和改造，逐渐把握事物的本质、规律，产生认识过程的飞跃，进而构成判断和推理，这属于理性认识阶段。我们说的思维指的就是这一阶段。

在现实生活中，我们常常看到有的人知识、理论一大堆，谈论起来引经据典、头头是道，可一旦面对实际问题，却束手束脚不知如何是好。这是因为他们虽然掌握了知识，却不善于通过开启思维运用知识。另有一些人，他们的知识不多，但他们的思维活跃、思路敏捷，能够把有限的知识举一反三，将之灵活地应用到实践当中。

南北朝的贾思勰，读了荀子《劝学篇》中“蓬生麻中，不扶而直”的话，他想：细长的蓬生长在粗壮的麻中会长得很直，那么，细弱的槐树苗种在麻田里，也会这样吗？于是他开始做试验，由于阳光被麻遮住，槐树为了争夺阳光只能拼命地向上长。3年过后，槐树果然长得又高又直。由此，贾思勰发现植物生长的一种普遍现象，并总结出了一套规律。

古希腊的哲学家赫拉克利特说："知识不等于智慧。"掌握知识和拥有智慧是人的两种不同层次的素质。对于它们的关系，我们可以打这样一个比方：智慧好比人体吸收的营养，而知识是人体摄取的食物，思维能力是人体消化的功能。人体能吸收多少营养，不仅在于食物品质的好坏，也在于消化功能的优劣。如果一味地贪求知识的增加，而运用知识的思维能力一直在原地踏步，那么他掌握的知识就会在他的头脑当中处于僵化状态，反而会对他实践能力的发挥形成束缚和障碍。这就像消化不良的人吃了过多的食物，多余的营养无法吸收，反倒对身体有害。

我们一再强调思维的意义，绝非贬低知识的价值。我们知道，思维是围绕知识而存在的，没有了知识的积累，思维的灵活运用也会存在障碍。因此，学习知识和启迪思维是提升自身智慧不可偏废的两个方面。没有知识的支撑，智慧也就成了无源之水，无本之木；没有思维的驾驭，知识就像一潭死水，波澜不兴，智慧也就更无从谈起了。

第十六节 形象思维使认识和创新变简单

形象思维又称右脑思维，主要是用直观形象和表象解决问题的思维。是对形象信息传递的客观形象体系进行感受、储存的基础上，结合主观的认识和情感进行识别，并用一定的形式、手段和工具创造和描述形象的一种基本的思维形式。

形象思维不仅是反映和认识世界的重要思维形式，也是培养人、教育人的有力工具。

一次，一位不知相对论为何物的年轻人向爱因斯坦请教相对论。

相对论是爱因斯坦创立的既高深又抽象的物理理论，要在几分钟内让一个门外汉弄懂什么是相对论，简直比登天还难。

然而爱因斯坦却用十分简洁、形象的话语对深奥的相对论作出了解释：

“比方说，你同最亲爱的人在一起聊天，一个钟头过去了，你只觉得过了5分钟；可如果让你一个人在大热天孤单地坐在炽热的火炉旁，5分钟就好像一个小时。这就是相对论。”

在这里，爱因斯坦所运用的就是形象思维。

当我们碰到较难说清的问题时，如能像爱因斯坦那样利用形象思维打一个比方，或画一个示意图，对方往往会豁然开朗。教师在给学生上课时，如果能借助形象化的语言、图形、演示实验、模型、标本等，往往能使抽象的科学道理、枯燥的数学公式等变得通俗易懂。甚至在政治思想教育中，我们如能借助于文学艺术等特殊手段，进行形象化教育，使简单的说教贯穿于生动活泼的文化娱乐之中，常常也能收到事半功倍的效果。

著名哲学家艾赫尔别格曾经对人类的发展速度有过一个形象生动的比喻。他认为，在到达最后1千米之前的漫长的征途中，人类一直是沿着十分艰难崎岖的道路前进的，穿过了荒野，穿过了原始森林，但对周围的世界万物茫然一无所知，只是在即将到达最后1千米的时候，人类才看到了原始时代的工具和史前穴居时代创作的绘画。当开始最后1千米的赛程时，人类才看到难以识别的文字，看到农业社会的特征，看到人类文明刚刚透过来的几缕曙光。离终点200米的时候，人类在铺着石板的道路上穿过了古罗马雄浑的城堡。离终点还有100米的时候，在跑道的一边是欧洲中世纪城市的神圣建筑，另一边是四大发明的繁荣场所。离终点50米的时候，人类看见了一个人，他用创造者特有的充满智慧和洞察力的眼光注视着这场赛跑——他就是达·芬奇。剩下最后5米了，在这最后冲刺中，人类看到了惊人的奇迹，电灯光亮照耀着夜间的大道，机器轰鸣，汽车和飞机疾驰而过，摄影记者和电视记者的聚光灯使胜利的赛跑运动员眼花缭乱……在这里，艾赫尔别格正是运用了形象思维，将漫长的人类历史栩栩如生地展现在人们的面前。

我们都有过这样的体会：在学习几何时，往往头脑中有一个确切的形象，或是矩形，或是三角，或是圆，之后在头脑中对该形象进行各种各样的处理，就好像一切都是展现在我们的面前一样。再比如，学习物理中的电流、电阻时，头脑中显现的是水在管道中流动的景象，顿时，看不见的电流、电阻变得形象生动起来，理解起来也容易得多了。这就是形象思维在学习中应用的一个小片段。

形象思维还可以用于发明创造，使发明的过程变得简单明了。

田熊常吉原是一位木材商，文化程度很低，可他却运用丰富的形象思维改进了锅炉。

田熊首先将锅炉系统简化成锅系统和炉系统。锅系统包括集水器、循环水管、汽包等，主要功能是尽可能多地吸热，保证冷热水循环；炉系统包括燃烧炉排风机、鼓风机、烟道等，主要功能是给锅系统供热，减少热损失。简言之，锅炉的要素就是燃烧供热和水循环。田熊想，人体具有燃烧供热和血液循环这两大要素，人体不就是一个热效率很高的锅炉系统吗？

于是田熊马上画出了一张人体血液循环图和一张锅炉的结构模型，将两者进行比较后，田熊发现，心脏相当于汽包，瓣膜相当于集水器，动脉相当于降水管，静脉相当于水管群，毛细血管与水包相似。据此，他构思出了新型锅炉的结构方案，锅炉经过田熊的方案进行改造后，热效率果然大大提高了。

形象思维使我们的头脑充满了生动的画面，为我们展现了一个更为丰富多彩的世界，是需要我们学习、掌握的一种必备的思维方法。

第十七节　发挥想象，突破解决问题的缺口

爱因斯坦曾说："想象比知识更重要，因为知识是有限的，而创造需要想象，想象是创造的前提，想象力概括着世界上的一切，没有想象就不可能有创造。"萧伯纳认为："想象是创造之始。"奥斯本说："想象力可能成为解决其他任何问题的钥匙。"

想象力具有自由、开放、浪漫、跳跃、形象、夸张等特点。想象力使思维逍遥神驰，一泻千里，超越时空。

1968年，美国内华达州一位叫伊迪丝的3岁小女孩告诉妈妈：她认识礼品盒上的字母"O"。这位妈妈非常吃惊，问她怎么认识的。伊迪丝说："薇拉小姐教的。"

这位母亲表扬了女儿之后，一纸诉状把薇拉小姐所在的劳拉三世幼儿园告上了法庭，理由是该幼儿园剥夺了伊迪丝的想象力。因为她的女儿在认识"O"之前，能把"O"说成苹果、太阳、足球、鸟蛋之类的圆形东西，然而自从她识读了26个字母，伊迪丝便失去了这种能力。她要求该幼儿园赔偿伊迪丝精神伤残费1 000万美元。

3个月后，法院审判的结果出人意料，劳拉三世幼儿园败诉，因为陪审团的23名成员被这位母亲在辩护时讲的一个故事感动了。

这位母亲说：我曾到东方某个国家旅行，在一家公园里曾见过两只天鹅，一只被剪去了左边的翅膀，一只完好无损。剪去翅膀的一只被收养在较大的一片水塘里，完好的一只被放养在一片较小的水塘里。管理人员说，这样能防止它们逃跑。剪去翅膀的那只无法

保持身体的平衡，飞起来就会掉下来：在小水塘里的那只虽然没有被剪去翅膀，但起飞时会因为没有必要的滑翔距离，而老实地待在水里。

今天，我感到伊迪丝变成了劳拉三世幼儿园的一只天鹅。他们剪掉了伊迪丝的一只翅膀，一只幻想的翅膀；他们早早地把她投进了那片水塘，那片只有ABC的小水塘。

想象是形象思维的高级形式，是在头脑中对已有表象进行加工、改造、重新组合形成新形象的心理过程。想象与形象思维的过程是一致的。

古生物学家根据一具古生物化石，就能凭借想象去推测出古生物的原有形态，建筑工程师看到设计图纸，就能想象出这是一座什么样的高楼大厦；侦查人员听到犯罪现场目击者提供的某些情况，便能想象出罪犯的身高、体重和模样……

19世纪，物理学家们都知道，在一个原子里，既存在着带正电的粒子，也有带负电的粒子。而这两种粒子在原子内部究竟保持着什么样的关系，却始终弄不清楚。因为这靠逻辑推理是演绎不出来的，并且在当时的条件下，也不可能通过实验来证明。

到了19世纪末20世纪初，许多物理学家曾做过各种各样的想象，并将这些想象物化为直观的模型。经过比较，大家一致认为英国物理学家汤姆生提出的葡萄干面包模型和出生于新西兰的英国物理学家卢瑟福提出的太阳系模型较为合理。汤姆生是这样想象并设计模型的：带负电的粒子，像葡萄干一样，镶嵌在由带正电的粒子所构成的像面包一样的没有空隙的球状实体里。卢瑟福想象的则是：带负电的电子像太阳系的行星那样，围绕着占原子质量绝大部分的带正电的原子核旋转。

这两个模型的重要区别就是原子内部有无空隙。卢瑟福的模型标出原子内部有空隙，后来的实验证明，他的判断是正确的。

实际上，这两位物理学家和别人一样，对于带正电的粒子和带负电的粒子之间到底是以一种什么关系构成原子的也弄不清楚，只是根据自己有关的知识、经验和形象积累，做出了关于它们之间关系的具体情景的想象，以填补和充实对原子内部结构认识上的不足和缺陷。

这种想象过程的进行以及它所起的作用，就是将人们认识事物的认识链条上所存在的缺环进行了充填和补充，使之完整地连为一体。

想象离不开模型。模型作为原型的替代物，只有展开想象的翅膀，在头脑中运用想象对其残缺的部分进行扎实填补，才能完整、形象和逼真。

随着人们思考问题逐渐深入和涉及问题领域的日趋扩大，固有的思维方式也应随之发生变化。对于某些未知事物的探索和研究，仅靠简单的逻辑推理已不能解决问题，常规的实验更是无从做起，这时，就需要我们充分展开想象的翅膀，以我们的形象思维为突破口，使我们的认识有一个质的飞跃，并得到长足的发展。

第十八节 逻辑思维透过现象看本质

逻辑思维又称抽象思维，是人们在认识过程中借助于概念、判断、推理反映现实的一种思维方法。运用逻辑思维，可以帮助我们透过现象看本质。

逻辑思维的形式有形式逻辑、数理逻辑、辩证逻辑。

形式逻辑又叫普通逻辑。我们平常说的逻辑，一般也指的是形式逻辑。形式逻辑即抛开具体的思维内容，仅从形式结构上研究概念、判断、推理及其联系的逻辑体系，就是形式逻辑。

春秋战国时期，吴国有一位著名的贤人延陵季子。有一次他去晋国，一进入国境，他就说："这是个暴虐的国家。"到了都城，他又说："这是个民力耗尽的国家。"他去见了晋国的国君，回来后叹道："这真是个混乱的国家呀。"随行的人不解，问他："您刚到这个国家，时间很短，为什么做出这样三个判断呢？"

延陵季子回答说："我刚进入晋国国境，就看到百姓的田垄荒芜而不整治，官家的建筑却高大而华美，证明百姓的生活很苦而统治者作威作福，我就知道这是个暴虐的国家。进了都城，我发现新建的房子简陋而老房子结实好看，新房墙矮而老房墙高，我就判断出这个国家民力已经耗尽。至于我为何说这是个混乱的国家，是因为我在朝廷上看到，晋国国君身体精力都不错，却不理国事，大臣们都不傻，却没有一个对国君进行劝谏，你说这不是混乱又是什么呢？"

数理逻辑是在形式逻辑基础上发展起来的新的逻辑分支学科。数理逻辑在深度和广度上推进了传统逻辑，使它更加精确和严密。由于数理逻辑使用了数学的语言和符号，揭示了事物和事物之间的数量关系，不仅深化了传统自然科学学科的研究，而且对计算机科学、控制技术、信息科学、生物科学等学科的发展有重要意义。

辩证逻辑是比数理逻辑更进一步的思维模式。爱因斯坦是20世纪最伟大的科学家，他创建的相对论为人类认识物质世界开辟了新的视野。纵观爱因斯坦整个科学生涯，他是把辩证唯物主义哲学关于物质世界统一性的观念作为他科学方法论的核心。

在逻辑思维中，要用到概念、判断、推理等思维形式和比较、分析、综合、抽象、概括等方法。

有这样一则故事，从中我们可以体会到运用逻辑思维的力量。

美国有一位工程师和一位逻辑学家是无话不谈的好友。一次，两人相约赴埃及参观著名的金字塔。到埃及后，有一天，逻辑学家住进宾馆，仍然照常写自己的旅行日记，而工程师则独自徜徉在街头。忽然耳边传来一位老妇人的叫卖声："卖猫啦，卖猫啦！"，工程师一看，在老妇人身旁放着一只黑色的玩具猫，标价500美元。这位妇人解释说，这只玩具猫是祖传宝物，因孙子病重，不得已才出售，以换取治疗费。工程师用手一举猫，发现猫身很重，看起来似乎是用黑铁铸就的。不过，那一对猫眼则是珍珠镶的。

于是，工程师就对那位老妇人说："我给你300美元，只买下两只猫眼吧。"

老妇人一算，觉得行，就同意了。工程师高高兴兴地回到了宾馆，对逻辑学家说："我只花了300美元竟然买下两颗硕大的珍珠。"

逻辑学家一看这两颗大珍珠，少说也值上千美元，忙问朋友是怎么一回事。当工程师讲完缘由，逻辑学家忙问："那位妇人是否还在原处？"

工程师回答说："她还坐在那里，想卖掉那只没有眼珠的黑铁猫。"

逻辑学家听后，忙跑到街上，给了老妇人200美元，把猫买了回来。

工程师见后，嘲笑道：“你呀，花200美元买个没眼珠的黑铁猫。”

逻辑学家却不声不响地坐下来摆弄这只铁猫。突然，他灵机一动，用小刀刮铁猫的脚，当黑漆脱落后，露出的是黄灿灿的一道金色印迹。他高兴地大叫起来：“正如我所想，这猫是纯金的。”

原来，当年铸造这只金猫的主人，怕金身暴露，便将猫身用黑漆漆过，俨然一只铁猫。对此，工程师十分后悔。此时，逻辑学家转过来嘲笑他说：“你虽然知识很渊博，可就是缺乏一种思维的艺术，分析和判断事情不全面、不深入。你应该好好想一想，猫的眼珠既然是珍珠做成，那猫的全身会是不值钱的黑铁所铸吗？”

猫的眼珠是珍珠做成的，那么猫身就很有可能是更贵重的材料制成的。这就是逻辑思维的运用。故事中的逻辑学家巧妙地抓住了猫眼与猫身之间存在的内在逻辑性，得到了比工程师更高的收益。

我们知道，事物之间都是有联系的，而寻求这种内在的联系，以达到透过现象看本质的目的，则需要缜密的逻辑思维来帮助。

有时，事物的真相像隐匿于汪洋之下的冰山，我们看到的只是冰山的一角。善于运用逻辑思维的人能做到察于青苹之末，抓住线索顺藤摸瓜，探寻到海平面下面的冰山全貌。

生活中很多事情的解析其实都有赖于一种分析和推理。正确的逻辑思考，可以帮助人们解决很多问题。下面故事中的石狮子，就是通过这样的思考才重见天日的。

从前，在河北沧州城南，有一座靠近河岸的寺庙。有一年运河发大水，寺庙的山门经不住洪水的冲刷而倒塌，一对大石狮子也跟着滚到河里去了。

过了十几年，寺庙的和尚想重修山门，他们召集了许多人，要把那一对石狮子打捞上来。

可是，河水终日奔流不息，隔了这么长时间，到哪里去找呢？

一开始，人们在山门附近的河水里打捞，没有找到。于是大家推测，准是让河水冲到下游去了。于是，众人驾着小船往下游打捞，寻了十几里路，仍没有找到石狮子的踪影。

寺中的教书先生听说了此事后，对打捞的人说："你们真是不明事理，石狮子又不是碎片儿木头，怎会被冲到下游？石狮子坚固沉重，陷入泥沙中只会越沉越深，你们到下游去找，岂不是白费工夫？"

众人听了，都觉有理，准备动手在山门倒塌的地方往下挖掘。

谁知人群中闪出一个老河兵（古代专门从事河工的士兵），说道："在原地方是挖不到的，应该到上游去找。"众人都觉得不可思议，石狮子怎么会往上游跑呢？

老河兵解释道："石狮子结实沉重，水冲它不走，但上游来的水不断冲击，反会把它靠上游一边的泥沙冲出一个坑来。天长日久，坑越冲越大，石狮子就会倒转到坑里。如此再冲再滚，石狮子就会像翻跟头一样慢慢往上游滚去。往下游去找固然不对，往河底深处去找岂不更错？"

根据老河兵的话，寺僧果然在上游数里处找到了石狮子。

在众人都根据自己的感性认识而作出各种揣测时，老河兵凭着其对水流习性的熟识，借着事物层层发展的严密逻辑，推导出了正确的结论。如果仅仅具有感性认识，人们对事物的认识只可能停留在片面的、现象的层面上，无法全面把握事物的本质，作出有价值的判断。

逻辑思考是一种比较规范的、严密的分析推理方式，它依靠我们把握事物的关键点，逐层推进，深入分析，不能靠无端的臆想和猜测。

第十九节　辩证思维以动态的眼光看问题

辩证思维是指以变化发展视角认识事物的思维方式，通常被认为是与逻辑思维相对立的一种思维方式。辩证思维是唯物辩证法在思维中的运用。唯物辩证法的三大规律，即对立统一规律、量变质变规律、否定之否定规律完全适用于辩证思维。世间万物之间是互相联系，互相影响的，辩证思维正是以世间万物之间的客观联系为基础而进行的对世界进一步的认识和感知，并在思考的过程中感受人与自然的关系，进而得到某种结论的一种思维。辩证思维模式要求观察问题和分析问题时，以动态发展的眼光来看问题。

有一天，苏格拉底遇到一个年轻人正在向众人宣讲美德。苏格拉底就向年轻人去请教："请问，什么是美德？"

年轻人不屑地看着苏格拉底说："不偷盗、不欺骗等品德就是美德啊！"

苏格拉底又问："不偷盗就是美德吗？"

年轻人肯定地回答："那当然了，偷盗肯定是一种恶德。"

苏格拉底不紧不慢地说："我在军队当兵，有一次，接受指挥官的命令深夜潜入敌人的营地，把他们的兵力部署图偷了出来。请问，我这种行为是美德还是恶德？"

年轻人犹豫了一下，辩解道："偷盗敌人的东西当然是美德，我说的不偷盗是指不偷盗朋友的东西。偷盗朋友的东西就是恶德。"

苏格拉底又问："又有一次，我一个好朋友遭到了天灾人祸的双重打击，对生活失去了希望。他买了一把尖刀藏在枕头底下，准备在夜里用它结束自己的生命。我知道后，便在傍晚时分溜进他的卧室，把他的尖刀偷了出来，使他免于一死。请问，我这种行为是美德还是恶德啊？”

年轻人仔细想了想，觉得这也不是恶德。这时候，年轻人很惭愧，他恭恭敬敬地向苏格拉底请教什么是美德。

苏拉格底对年轻人的反驳运用的就是辩证思维。

在逻辑思维中，事物一般是非此即彼、非真即假，而在辩证思维中，事物可以在同一时间里亦此亦彼、亦真亦假，而无碍思维活动的正常进行。

谈到辩证思维，我们不能不提到矛盾。正因为矛盾的普遍存在，才需要我们以变化、发展、联系的眼光看问题。苏格拉底能从年轻人给出的美德的定义中找到诸多矛盾，就是因为年轻人忽视了辩证思维，或者他并不懂得应该辩证地看待事物。

我们的生活无处不存在矛盾，也就无处不需要辩证思维的运用。

从下面的故事中你也许可以体会出矛盾的普遍性，以及辩证思维的奇妙之处。

从前有一个老和尚，在房中无事闲坐着，身后站着一个小和尚。门外有甲、乙两个和尚争论一个问题，双方争执不下。一会儿甲和尚气冲冲地跑进房来，对老和尚说：“师傅，我说的这个道理，是应该如此这般的，可是乙却说我说得不对，您看我说得对还是他说得对？”老和尚对甲和尚说：“你说得对！”甲和尚很高兴的出去了。过了几分钟，乙和尚气愤愤地跑进房来，他质问老和尚说：“师傅，刚才甲和我辩论，他的见解根本错误，我是根据佛经上说的，我的意思是如此这般，您说是我说得对呢，还是他说得对？”老和尚说：“你说得对！”乙和尚也欢天喜地地出去了。乙走后，站在老和尚身后的小和尚，悄悄地在老和尚耳边说：“师傅，他俩争论一个问题，要么就是甲对，要么就是乙对，甲如对，乙就不对；乙如对，甲就肯定错啦！您怎么可以向两个人都说你对呢？”老和尚掉过头来，对小和尚望了一望，说："你也对！"

故事中的主人公并非是非不分，而是两位小和尚从不同角度对问题的理解都是正确的。这也说明了我们的生活中许多事物并不只存在一个正确答案，若尝试用辩证思维去思考，往往会看到问题的不同维度，也就会得到许多不同的见解，而不致视角产生偏颇。

第二十节　灵感是创新思维的起点

有人说，创新行为是一种偶然行为。不可否认，创新有其偶然性，但更多的创新实践者在创新的过程中是意识到他们的行为的意义与价值的。也就是说，他们知道自己是在创新，而且，他们有创新的欲望，创新思维已经深入他们的头脑，成为他们的一种灵感。

事实上，我们每天都会产生创新思维。因为我们在时时刻刻地不断改变我们所持有的对世界的看法。

有人称赞牛顿思路灵活，思维具有创造性，为人类作出了重大的贡献。牛顿说："我只是整天想着去发现而已。"牛顿的"整天想着去发现"就是一种创新的灵感。

可以说，创新思维就始于创新的灵感。在生活和工作中，如果我们能够像牛顿一样，具有强烈的创新灵感，就一定会发现别人发现不了的东西。

王伟在一家广告公司做创意文案。一次，一个著名的洗衣粉制造商委托王伟所在的公司做广告宣传，负责这个广告创意的好几位文案创意人员拿出的东西都不能令制造商满意。没办法，经理让王伟把手中的事务先搁置几天，专心完成这个创意文案。

接连几天，王伟在办公室里抚弄着一整袋的洗衣粉，想："这个产品在市场上已经非常畅销了，人家以前的许多广告词也非常富有创意。那么，我该怎么下手才能重新找到一个点，做出既与众不同、又令人满意的广告创意呢？"

有一天，王伟在苦思之余，把手中的洗衣粉袋放在办公桌上，又翻来覆去地看了几遍，突然间灵光闪现。他想把这袋洗衣粉打开看一看。于是他找了一张报纸铺在桌面上，然后，撕开洗衣粉袋，倒出了一些洗衣粉，一边用手揉搓着这些粉末，一边轻轻地嗅着它的味道，寻找感觉。

突然，在射进办公室的阳光下，他发现了洗衣粉的粉末间遍布着一些特别微小的蓝色晶体。审视了一番后，证实的确不是自己看花了眼，他便立刻起身，亲自跑到制造商那儿问这到底是什么东西，得知这些蓝色小晶体是一些“活力去污因子”。因为有了它们，这一次新推出的洗衣粉才具有了超强洁白的效果。

明白了这些情况后，王伟回去便从这一点下手，绞尽脑汁，寻找最好的文字创意，因此推出了非常成功的广告。

正因为整天都想着去发现、去创造，王伟才能够瞬间找到创作的灵感。同样，也正由于整天想着去发现，蒙牛的杨文俊才能想出方便消费者的好办法。

2002 年 2 月，时值春节，蒙牛液体奶事业本部总经理杨文俊在深圳沃尔玛超市购物时，发现人们购买整箱牛奶搬运起来非常困难。

由于当时是购物高峰，很多汽车无法开进超市的停车场，而商场停车管理员又不允许将购物手推车推出停车场，消费者只有来回好几次才能将购买的牛奶及其他商品搬上车，这一细节立刻引起了杨文俊的重视。

此后，杨文俊就不断在思考这件事情，想着怎么样才能方便搬运整箱的牛奶。

一次偶然的机会，杨文俊购买了一台 VCD，往家拎时，“拎”出了灵感：

一台 VCD 比一箱牛奶要轻，厂家都能想到在箱子上安一个提手，我们为什么不能在牛奶包装箱上也装上个提手，使消费者在购物时更加便利呢？

这一想法在会上一经提出，就得到了大家的认同，并马上得到了实施。

这个创意，使蒙牛当年的液体奶销售量大幅度增长，同行也纷纷效仿。

现在看来，这一创意很简单。可为什么杨文俊能够提出来，而其他人却提不出来呢？原因就在于是否有创新的意识，是否能做到“整天想着去发现”。

我们常说心想事成，而心想是前提。如果没有“心想”的灵感，自然不会产生“事成”的结果。创新思维的开启同样始于创新的灵感。有了创新的灵感，才能将创新更好地付诸行动。创新思维是可以培养的，只要拥有创新的灵感，整天想着去发现，创新的念头和思路就会源源不断地涌现出来。

第二十一节　发散思维的展开型思考方法

发散思维的概念，是美国心理学家吉尔福特在1950年以《创造力》为题的演讲中首先提出的，半个多世纪以来，引起了普遍重视，促进了创造性思维的研究工作。

发散思维法又称求异思维、扩散思维、辐射思维等。它是一种从不同的方向、不同的途径和不同的角度去设想的展开型思考方法，是从同一来源材料、从一个思维出发点探求多种不同答案的思维过程，它能使人产生大量的创造性设想，摆脱习惯性思维的束缚，使人的思维趋于灵活多样。

发散思维要求人们的思维向四方扩散，无拘无束，海阔天空，甚至异想天开。通过思维的发散，要求打破原有的思维格局，提供新的结构、新的点子、新的思路、新的发现、新的创造，提供一切新的东西，特别是对于创造者可提供一种全新的思考方式。

许多发明创造者都是借助于发散思维获得成功的。可以说多数的科学家、思想家和艺术家的一生都十分注意运用发散思维进行思考。许多优秀的中学生，在学习活动中也很重视发散思维的学习运用，因此获得了较佳的学习效果。

一支曲别针（回形针）究竟有多少种用途？你能说出几种？几十种？还是几百种？

也许你会说一支曲别针不可能有如此多的用途，那么，这只能够说明你的思维不够开阔，不够发散。下面这个关于曲别针的故事告诉你的不只是曲别针的用途，更是一种思维方法。

在一次有许多中外学者参加的如何开发创造力的研讨会上，日本一位创造力研究专家应邀出席了这次研讨活动。

面对这些创造性思维能力很强的学者同人，风度翩翩的村上幸雄先生捧来一把曲别针，说道："请诸位朋友动一动脑筋，打破框框，看谁能说出这些曲别针的更多种用途，看谁创造性思维开发得好、多而奇特。"

片刻，一些代表踊跃回答：

"曲别针可以别相片，可以用来夹稿件、讲义。"

"纽扣掉了，可以用曲别针临时钩起……"

七嘴八舌，大约说了10多种，其中较奇特的是把曲别针磨成鱼钩，引来一阵笑声。

村上对大家在不长时间内讲出10多种曲别针的用途，很是称道。

人们问："村上您能讲多少种？"

村上一笑，伸出3个指头。

"30种？"村上摇头。

"300种？"村上点头。

人们惊异，不由得佩服这人聪慧敏捷的思维，但也有人怀疑。

村上紧了紧领带，扫视了一眼台下那些透着不信任的眼睛，用幻灯片映出了曲别针的用途……这时只见中国的一位以"思维魔王"著称的怪才许国泰先生向台上递了一张纸条。

"对于曲别针的用途，我能说出3 000种，甚至3万种！"

邻座对他侧目："吹牛不罚款，真狂！"

第二天上午11点，他揭榜应战，走上了讲台，他拿着一支粉笔，在黑板上写了一行字：村上幸雄曲别针用途求解。原先不以为然的听众一下子被吸引过来了。

"昨天，大家和村上讲的用途可用四个字概括，这就是钩、挂、别、联。要启发思路，使思维突破这种格局，最好的办法是借助于简单的形式思维工具——信息标与信息反应场。"

他把曲别针的总体信息分解成重量、体积、长度、截面、弹性、直线、银白色等10多个要素。再把这些要素，用根标线连接起来，形成一根信息标。然后，再把与曲别针有关的人类实践活动要素相分析，连成信息标，最后形成信息反应场。这时，现代思维之光射入了这枚平常的曲别针，它马上变成了孙悟空手中神奇变幻的金箍棒。他从容地将信息反应场的坐标不停地组切交合。

通过两轴推出一系列曲别针在数学中的用途，如：曲别针分别做成1、2、3、4、5、6、7、8、9、0，再做成加减乘除的符号，用来进行四则运算，运算出数量，就有1 000万、1亿：在音乐上可创作曲谱；曲别针可做成英、俄、希腊等外文字母，用来进行拼读；曲别针可以与硫酸反应生成氢气；可以用曲别针做指南针；可以把曲别针串起来导电；曲别针是铁元素构成，铁与铜化合是青铜，铁与不同比例的几十种金属元素分别化合，生成的化合物则是成千上万种……实际上，曲别针的用途，几乎近于无穷。

他在台上讲着，台下一片寂静。与会的人们被“思维魔王”深深地吸引着。

许国泰先生运用的方法就是发散思维法。

具有发散思维的人，在观察一个事物时，往往通过联想与想象，将思路扩展开来，而不仅仅局限于事物本身，也就常常能够发现别人发现不了的事物与规律。

第二十二节 逆向思维是重要的思考能力

逆向思维也叫求异思维，它是对司空见惯的似乎已成定论的事物或观点反过来思考的一种思维方式。敢于反其道而思之，让思维向对立面的方向发展，从问题的相反面深入地进行探索，树立新思想，创立新形象。当大家都朝着一个固定的思维方向思考问题时，而你却独自朝相反的方向思索，这样的思维方式就叫逆向思维。人们习惯于沿着事物发展的正方向去思考问题并寻求解决办法。其实，对于某些问题，尤其是一些特殊问题，从结论往回推，倒过来思考，从求解回到已知条件，反过去想或许会使问题简单化。

逆向思维法的魅力之一，就是对某些事物或东西从反面进行利用。运用逆向思维是一种创造能力。

逆向思维就是有违常理，从反面进行探索问题和解决问题的思维。

有人落水，常规的思维模式是救人离水，而司马光面对紧急险情，运用了逆向思维，果断地用石头把缸砸破，让水离人，救了小伙伴性命。

南唐后主李煜派博学善辩的徐铉到大宋进贡。按照惯例，大宋朝廷要派一名官员与其使者入朝。朝中大臣都认为自己辞令比不上徐铉，谁都不敢应战，最后反映到宋太祖那里。

太祖的做法大大出乎众人意料，命人找10名不识字的侍卫，把他们的名字写上送进宫，太祖用笔随便圈了个名字，说：“这人可以。”在场的人都很吃惊，但也不敢提出异议，只好让这个还未明白是怎么回事的侍卫前去。

徐铉见了侍卫，滔滔不绝地讲了起来，侍卫根本搭不上话，只好连连点头。徐铉见来人只知点头，猜不出他到底有多大能耐，只好硬着头皮讲。一连几天，侍卫还是不说话，徐铉也讲累了，于是也不再吭声。

这就是历史上有名的宋太祖以愚困智解难题之举。

照一般的做法，对付善辩的人，应该是找一个更善辩的人，但宋太祖偏偏找一个不认识字的人去应对。这样一来，反倒引起了善辩高手的猜疑：认为陪伴自己的人，是代表宋朝国家级水平的人，既猜不透又不敢放肆。以愚困智，只因智之长处根本无法发挥，这实际上是一种化废为宝的逆向思维方式。

我国古代有这样一个故事，一位母亲有两个儿子，大儿子开染布作坊，小儿子做雨伞生意。每天，这位老母亲都愁眉苦脸，天下雨了怕大儿子染的布没法晒干，天晴了又怕小儿子做的伞没有人买。一位邻居开导她，叫她反过来想：雨天，小儿子的伞生意做得红火；晴天，大儿子染的布很快就能晒干。逆向思维使这位老母亲眉开眼笑，活力再现。

在创造发明的路上，逆向思维对经营或者技术发明同样具有很大的创新意义。

1820 年，丹麦哥本哈根大学物理学教授奥斯特，通过多次实验证实存在电流的磁效应。这一发现传到欧洲大陆后，吸引了许多人参加电磁学的研究。英国物理学家法拉第怀着极大的兴趣重复了奥斯特的实验。果然，只要导线通上电流，导线附近的磁针立即会发生偏转，他深深地被这种奇异现象所吸引。当时，德国古典哲学中的辩证思想已传人英国，法拉第受其影响，认为电和磁之间必然存在联系并且能相互转化。他想既然电能产生磁场，那么磁场也能产生电。

为了使这种设想能够实现，他从 1821 年开始做磁产生电的实验。几次实验都失败了，但他坚信，从反向思考问题的方法是正确的，并继续坚持这一思维方式。

10年后，法拉第设计了一种新的实验，他把一块条形磁铁插入一只缠着导线的空心圆筒里，结果导线两端连接的电流计上的指针发生了微弱的转动，电流产生了！随后，他又完成了各种各样的实验，如两个线圈相对运动，磁作用力的变化同样也能产生电流。

法拉第10年不懈的努力没有白费，1831年他提出了著名的电磁感应定律，并根据这一定律发明了世界上第一台发电装置。

如今，法拉第的定律正深刻地改变着我们的生活。

法拉第成功地发现电磁感应定律，是运用逆向思维方法的一次重大胜利。传统观念和思维习惯常常阻碍着人们的创造性思维活动的展开，逆向思维就是要冲破框框，从现有的思路返回，从与它相反的方向寻找解决难题的办法。常见的方法是就事物的结果倒过来思维，就事物的某个条件倒过来思维，就事物所处的位置倒过来思维，就事物起作用的过程或方式倒过来思维。

生活实践证明，逆向思维是一种重要的思考能力，它对于人才的创造能力及解决问题能力的培养具有相当重要的意义。

第二十三节　联想思维可以举一反三

联想思维是指人们在头脑中将一种事物的形象与另一种事物的形象联系起来，探索它们之间共同的或类似的规律，从而解决问题的思维方法。它的主要表现形式有连锁联想法、相似联想法、相关联想法、对比联想法、即时联想法等。

联想的妙处就在于使我们可以从一而知三。运用联想思维，由“速度”这个概念，我们的头脑中会闪现出呼啸而过的飞机、奔驰的列车、自由落体的重物等。

联想是心理活动的基本形式之一。联想与一般的自由想象不同，它是由表象概念之间的联系而达到想象的。因此，联想的过程有逻辑的必然性。

相传古时有一位皇帝曾以“深山藏古寺”为题，招集天下画匠作画。最后选了三幅画。第一幅画在万木丛中显露出古寺一角，第二幅画在景色秀丽的半山腰伸出了一根幡，第三幅画只见一个老和尚从山下溪边挑水，沿着山路缓缓而上，而远处只见一片山林，根本无从寻觅寺庙踪迹。

皇帝找大臣合议后最终选了第三幅画。为什么要选第三幅画呢？因为“深山藏古寺”的画题虽然看似简单，但包含一个“深”和一个“藏”字，这就需要画家去思考，看如何将这两个意思体现出来。第一幅画太露，“万木丛中显露出古寺一角”，体现不出“深”、“藏”的意思；第二幅似乎好一些，但一根幡仍然点明此处是一座庙宇，只不过给树丛包围，一下子看不到其全貌而已，仍然达不到“深”、“藏”的要求；第三幅画，以老和尚挑水，体现老和尚来自“古寺”，而老和尚所要归去之处，即寺庙“只在此山中，云深不知处”，足以见此“古寺”藏在深山中。看到此画的人莫不惊叹作者巧妙的构思和奇特的想象，而这幅画也当之无愧地独占鳌头。

这个故事给了我们什么启发呢？最大的启发是第三幅画的作者在构思这幅画时运用了丰富的联想，使人从和尚自然联想到寺庙，从“老和尚”再进一步联想到这座寺庙年代已经很久远了，是座古寺，从老和尚挑水沿着山路缓缓而上，而远处只见一片山林不见寺庙，联想到这座古寺被深深地藏在山中。

正因为该画的作者运用了意味无穷的联想思维，才使见到此画的人为其巧妙的构思和画的意境所折服。

相传古时有人经营了一家旅馆，由于经营不善濒临倒闭。正好碰上阿凡提经过这里，就向旅馆老板献策：将旅馆周围进行重新装饰。到了夏日，将墙面涂成绿色；到了冬日，再将墙面饰成粉红色。旅馆老板按阿凡提所说的做了之后，果然很是吸引顾客，生意渐渐兴隆起来。其中的奥秘在哪儿呢？

原来，阿凡提运用的是人们的联想思维。让一种感觉引起另一种感觉。这种心理现象实际上是感觉相互作用的结果。

上述事例就是通过改变颜色，使不同颜色产生不同的心理效果，从而起到吸引顾客的作用。一般认为绿色、青色和蓝色等颜色能使人联想到蓝天和大海，使人产生清凉的感觉，这些颜色称为冷色。而红色、橙色和黄色等颜色能使人联想到阳光和火焰而产生温暖的感觉，这些颜色称为暖色。

联想是创意产生的基础，在创意设计中起催化剂和导火索的作用，联想越广阔、越丰富，就越富有创造能力。许多的发明创造就是在联想思维的作用下产生的。

春秋时期有一位能工巧匠鲁班，有一次他上山伐木时，手被路旁的一株野草划破，鲜血直流。

为什么野草能划破皮肉呢？他仔细观察了那株野草之后，发现其叶片的两边长有许多小细齿。他想，如果用铁条做成带小齿的工具，是否也可将树划破呢？

依着这个思路往下走，锯子被发明出来了。

鲁班由草叶上的小细齿联想到砍伐工具，为建筑工程提供了便利。无独有偶，小提琴的产生也源于一个人的联想思维。

一千多年前，埃及有位音乐家名叫莫可里，一个盛夏的早晨，他在尼罗河边悠闲地散步。偶然间，他的脚踢到一个什么东西，发出一声悦耳的声响。他拾起来一看，原来是一个乌龟壳。莫可里拿着乌龟壳兴冲冲地回到家里，再三端详，反复思索，不断试验，终于根据龟壳内的空气振动而发声的原理，制出了世界上第一把小提琴。莫可里从乌龟壳发出的声音联想到了乐器。正是由于联想思维的运用，从而造就了当今世界上无数人为之陶醉与享受的西洋名乐器。

如果不运用联想思维，是很难从草叶、乌龟壳产生灵感创造出锯子和小提琴的。但是，联想思维能力不是天生的，它需要以知识和生活经验、工作经验为基础。基础打好了，就能厚积而薄发，联想也随之思如泉涌。

第二十四节　系统思维能够由要素到整体

系统思维也叫整体思维，是把认识对象作为系统，从系统和要素、要素和要素、系统和环境的相互联系、相互作用中综合地考察认识对象的一种思维方法。系统思维以系统论为思维基本模式的思维形态，它不同于创造性思维或形象思维等本能思维形态。系统思维能极大地简化人们对事物的认知，给我们带来整体观。

系统思维的核心就是利用前人已有的创造成果进行综合，这种综合，如果出现了前所未有的新奇效果，当然就成了更新的创造。从某种意义上说，发明创造就是一门综合艺术。

整体思维是创造发明的基础，它大量存在于我们的生活之中，有材料组合、方法组合、功能组合、单元组合等多种形式。徐悲鸿大师的名作《奔马》，运笔狂放、栩栩如生，既有中国水墨画的写意传统，又有西洋油画的透视精髓，它是中国画和油画技法的组合。我们买来的一件件成衣，是衣料、线、扣子等的组合。钢筋混凝土是钢筋和水泥的组合体。集团公司的产生、股份制的形成、连锁店的出现，都是综合的结晶。

系统思维是看见整体的一项修炼，它是一种思维框架，能让我们看到相互关联的非单一的事情，看见渐渐变化的形态而非瞬间即逝的一幕。这种思维方法可以使我们敏锐地预见到事物整体的微妙变化，从而对这种变化制定出相应的对策。

美国人民航空公司在营运状况仍然良好的时候，麻省理工学院系统动力学教授约翰·史德门就预言其必然倒闭，果然不出其所料，两年后这家公司就倒闭了。史德门教授并没有很多精确的数据，他只是运用了系统思考法对人民航空公司的内部结构进行了观察，发现这个公司组织内部一些因果关系还未搭配好，而公司的发展又太快了，当系统运作得越有效率，环扣得越紧，就越容易出问题，走错一步，满盘皆输。史德门之所以能够看出问题的本质，是因为他运用了整体动态思考方法，透过现象看到了问题的本质。

系统思维法是一种将各要素之间点对点的关系整合成系统关系的方法，在一般人的眼中，也许甲和乙是没有关系的独立个体，但是，以系统思维法去考察，却能够发现，这两者是息息相关的有机整体，那么，处理问题时就要将甲和乙全部纳入考虑范畴了，就像下面的这个故事一样：

一次，“酒店大王”希尔顿在盖一座酒店时，突然出现资金困难，工程无法继续下去。在没有任何办法的情况下，他突然心生一计，找到那位卖地皮给自己的商人，告知自己没钱盖房子了。地产商漫不经心地说：“那就停工吧，等有钱时再盖。”

希尔顿回答：“这我知道。但是，假如一直拖延着不盖，恐怕受损失的不止我一个，说不定你的损失比我的还大。”

地产商对此十分不解。希尔顿接着说：“你知道，自从我买你的地皮盖房子以来，周围的地价已经涨了不少。如果我的房子停工不建，你的这些地皮的价格就会大受影响。如果有人宣传一下，说我这房子不往下盖，是因为地方不好，准备另迁新址，恐怕你的地皮更是卖不上价了。”

“那你想怎么办？”

“很简单，你将房子盖好再卖给我。我当然要给你钱，但不是现在给你，而是从营业后的利润中分期返还。”

虽然地产商极不情愿，但仔细考虑，觉得他说得也在理，何况，他对希尔顿的经营才能还是很佩服的，相信他早晚会还这笔钱，便答应了他的要求。

在很多人眼里，这本来是一件完全不可能做到的事，自己买地皮建房，但是出钱建房的，却不是自己，而是卖地皮给自己的地产商，而且“买”的时候还不给钱，而是用以后的营业利润还。但是希尔顿做到了。

为何希尔顿能够创造这种常人不可思议的奇迹呢?

就在于他妙用了一种智慧——系统智慧。其中最根本的一条，是他把握了自己与对方不只是一种简单的地皮买卖关系，更是一个系统关系——他们处于一损俱损、一荣俱荣的利益共同系统中。

从上面的例子我们也可以看出：在系统思维中，整体与要素的关系是辩证统一的。整体离不开要素，但要素只有在整体中才成其为要素。从其性能、地位和作用看，整体起着主导、统帅的作用。因此，我们观察和处理问题时，必须着眼于事物的整体，把整体的功能和效益作为我们认识和解决问题的出发点和归宿。

第二十五节　正确的思考加速走向成功

思维是一种心境，是一种妙不可言的感悟。在伴随人们实践行动的过程中，正确的思维方法、良好的思路是化解疑难问题、开拓成功道路的重要动力源。一个成功的人，首先是一个积极的思考者，经常积极地想方设法运用各种思维方法，去应对各种挑战和应付各种困难。因此，这种人也较容易体味到成功的欣喜。

美国船王丹尼尔·洛维格就是一个典型的成功例子。

从他获得自己的第一桶金，乃至他后来拥有数十亿美元的资产，都和他善于运用思维，善于变通地寻找方法的特点息息相关。

当洛维格第一次跨进银行的大门时，人家看了看他那磨破了的衬衫领子，又见他没有什么可作抵押的东西，很自然地拒绝了他的贷款申请。

他又来到大通银行，千方百计总算见到了该银行的总裁。他对总裁说，他把货轮买到后，立即改装成油轮，他已把这艘尚未买下的船租给了一家石油公司。石油公司每月付给的租金，就用来分期还他要借的这笔贷款。他说他可以把租契交给银行，由银行去跟那家石油公司收租金，这样就等于在分期付款了。

大通银行的总裁想：洛维格一文不名，也许没有什么信用可言，但是那家石油公司的信用却是可靠的。拿着租契去石油公司按月收钱，这自然是十分稳妥的。

洛维格终于贷到了第一笔款。他买下了他所要的旧货轮，把它改成油轮，租给了石油公司。然后又利用这艘船作抵押，借了另一笔款，又买了一艘船。

洛维格能够克服困难，最终达到自己的目的，他的成功与精明之处就在于能够变通思维，用巧妙的方法使对方忽略他的一文不名，而看到他的背后有一家石油公司的可靠信用为他做支撑，从而成功地借到了钱。

和洛维格相仿，委内瑞拉人拉菲尔·杜德拉也是凭借积极的思维方法，不断找到机会进行投资而成功的。在不到20年的时间里，他就建立了投资额达10亿美元的事业。

在20世纪60年代中期，杜德拉在委内瑞拉的首都拥有一家很小的玻璃制造公司。可是，他并不满足于干这个行当，他学过石油工程，他认为石油是个能赚大钱且更能施展自己才干的行业，他一心想跻身于石油界。

有一天，他从朋友那里得到一则信息，说是阿根廷打算从国际市场上采购价值2 000万美元的丁烷气。得此信息，他充满了希望，认为跻身于石油界的良机已到，于是立即前往阿根廷活动，想争取到这笔合同。

去后，他才知道早已有英国石油公司和壳牌石油公司两个老牌大企业在频繁活动了。这是两家十分难以对付的竞争对手，更何况自己对石油业并不熟悉，资本又不雄厚，要成交这笔生意难度很大。但他并没有就此罢休，他决定采取迂回战术。

一天，他从一个朋友处了解到阿根廷的牛肉过剩，急于找门路出口外销。他灵机一动，感到幸运之神到来了，这等于向他提供了同英国石油公司及壳牌公司同等竞争的机会，对此他充满了必胜的信心。

他旋即去找阿根廷政府。当时他虽然还没有掌握丁烷气，但他确信自己能够弄到，他对阿根廷政府说："如果你们向我买 2 000 万美元的丁烷气，我便买你 2 000 万美元的牛肉。"当时，阿根廷政府想赶紧把牛肉推销出去，便把购买丁烷气的投标给了杜德拉，他终于战胜了两个强大的竞争对手。

投标争取到后，他立即筹办丁烷气。他随即飞往西班牙，当时西班牙有一家大船厂，由于缺少订货而濒临倒闭。西班牙政府对这家船厂的命运十分关切，想挽救这家船厂。

这一则消息，对杜德拉来说，又是一个可以把握的好机会。他便去找西班牙政府商谈，杜德拉说："假如你们向我买 2 000 万美元的牛肉，我便向你们的船厂订制一艘价值 2 000 万美元的超级油轮。"西班牙政府官员对此求之不得，当即拍板成交，马上通过西班牙驻阿根廷使馆，与阿根廷政府联络，请阿根廷政府将杜德拉所订购的 2 000 万美元的牛肉，直接运到西班牙来。

杜德拉把 2 000 万美元的牛肉转销出去之后，继续寻找丁烷气。他到了美国费城，找到太阳石油公司，他对太阳石油公司说："如果你们能出 2 000 万美元租用我这条油轮，我就向你们购买 2 000 万美元的丁烷气。"太阳石油公司接受了杜德拉的建议。从此，他便打进了石油业，实现了跻身于石油界的愿望。经过苦心经营，他终于成为委内瑞拉石油界的巨子。

洛维格与杜德拉都是具有大智慧、大胆魄的商业奇才。他们能够在困境中积极灵活地运用自己的思维，变通地寻找方法，创造机会，将难题转化为有利的条件，创造更多可以利用的资源。

这两个人的事例告诉我们：影响我们人生的绝不仅仅是环境，在很大程度上，思维控制了个人的行动和思想。同时，思维也决定了自己的视野、事业和成就。美国一位著名的商业人士在总结自己的成功经验时说，他的成功就在于他善于运用思维、改变思维，他能根据不同的困难，采取不同的方法，最终克服困难。

我们可能会被自己愚弄，尤其是当我们感觉自己的思维和反应方式在过去产生过作用时。有这样一个人，他认为他的财富让他成为一个无可指责的权威。他的财富是在他投资房地产时赢得的，他其实就是在正确的时候、正确的地方投入了正确的行业，但他确信自己是个天才。最后，他破产了，又被关进监狱，他的妻子离开了他，财产也化为乌有。这个人的故事告诉我们：你不能用你的经济或职业状况来判断你的思维效率，有时，你只不过是运气好而已。

评价自己思维的基础是：我们大多数人从小到大都认为凡事都有正确答案，事实上并非如此。正确的思维是这样的，我们可以在独立的思维过程中得出自己的结论，而不去管社会压力，不去管对别人来说是否正确。这就是解决问题的有益办法。

思维决定着一个人的行为，决定着一个人的学习、工作和处世的态度。正确的思维可以为成功加速，只有明白了这个道理，才能够较好地把握自己，才能够从容地化解生活中的难题，才能够顺利地到达智慧的最高境界。

第二十六节　只要转换思维就能改变人生

美国天文学家马尔比·D·巴布科克说："最常见同时也是代价最高昂的一个错误，就是认为成功依赖于某种天才、某种魔力，某些我们不具备的东西。"成功的要素其实掌握在我们自己手中，那就是正确的思维。一个人能飞多高，并非由人的其他因素，而是由他自己的思维所制约。

下面有这样一个故事，相信对大家会有启发。

一对老夫妻结婚50周年之际，他们的儿女为了感谢他们的养育之恩，送给他们一张世界上最豪华客轮的头等舱船票。老夫妻非常高兴，登上了豪华游轮。真的是大开眼界，可以容纳几千人的豪华餐厅、歌舞厅、游泳池、赌厅等应有尽有。唯一遗憾的是，这些设施的价格非常昂贵，老夫妻一向很节省，舍不得去消费，只好待在豪华的头等舱里，或者到甲板上吹吹风。还好，来的时候他们怕吃不惯船上的食物，带了一箱泡面。

乘坐游轮的旅程要结束了，老夫妻商量，回去以后如果邻居们问起来船上的饮食娱乐怎么样，他们都无法回答，所以决定最后一晚的晚餐到豪华餐厅里吃一顿，反正最后一次了，奢侈一次也无所谓。他们到了豪华的餐厅，烛光晚餐，精美的食物，他们吃得很开心，仿佛找到了初恋时候的感觉。晚餐结束后，丈夫叫来服务员要结账。服务员非常有礼貌地说："请出示一下您的船票。"丈夫很生气："难道你以为我们是偷渡上来的吗？"说着把船票丢给了服务员，服务员接过船票，在船票背面的很多空栏里划去了一格，并且十分惊讶地说："二位上船以后没有任何消费吗？这是头等舱船票，船上所有的饮食、娱乐，包括赌博筹码都已经包含在船票里了。"

这对老夫妇为什么不能够尽情享受？是他们的思维禁锢了他们的行为，他们没有想到将船票翻到背面看一看。我们每一个人都会遇到类似的经历，总是死守着现状而不愿改变。就像我们头脑中的思维方式，一旦哪一种观念占据了上风，便很难改变或不愿去改变，导致做事风格与方法没有半点变通的余地，最终只能将自己逼入死胡同。

如果我们能够像下面故事中的比尔一样，适时地转换自己的思维方法，就会使自己的思路更加清晰，视野更加开阔，做事的方法也会灵活转变，自然就会取得更优秀的成就。从某种程度上讲，改变了思维，人生的轨迹也会随之改变。

从前有一个村庄严重缺少饮用水，为了根本性地解决这个问题，村里的长者决定对外签订一份送水合同，以便每天都能有人把水送到村子里。艾德和比尔两个人愿意接受这份工作，于是村里的长者把这份合同同时给了这两个人，因为他们知道一定的竞争将既有益于保持价格低廉，又能确保水的供应。

获得合同后，比尔就奇怪地消失了，艾德立即行动了起来。没有了竞争使他很高兴，他每日奔波于相距一公里的湖泊和村庄之间，用水桶从湖中打水并运回村庄，再把打来的水倒在由村民们修建的一个结实的大蓄水池中。每天早晨他都必须起得比其他村民早，以便当村民需要用水时，蓄水池中已有足够的水供他们使用。这是一项相当艰苦的工作，但艾德很高兴，因为他能不断地挣到钱。

几个月后，比尔带着一个施工队和一笔投资回到了村庄。原来，比尔做了一份详细的商业计划，并凭借这份计划书找到了四位投资者，和他们一起开了一家公司，并雇用了一位职业经理。比尔的公司花了整整一年时间，修建了从村庄通往湖泊的输水管道。

在隆重的贯通典礼上，比尔宣布他的水比艾德的水更干净，因为比尔知道有许多人抱怨艾德的水中有灰尘。比尔还宣称，他能够每天24小时不间断地为村民提供用水。而艾德却只能在工作日里送水，因为他在周末同样需要休息。同时比尔还宣布，对这种质量更高、供应更为可靠的水，他收取的价格却是艾德的75%。于是村民们欢呼雀跃、奔走相告，并立刻要求从比尔的管道上接水龙头。

为了与比尔竞争，艾德也立刻将他的水价降低到75%，并且又多买了几个水桶，以便每次多运送几桶水。为了减少灰尘，他还给每个桶都加上了盖子。用水需求越来越大，艾德一个人已经难以应付，他不得已雇用了员工，可又遇到了令他头痛的工会问题。工会要求他付更高的工资、提供更好的福利，并要求降低劳动强度，允许工会成员每次只运送一桶水。

此时，比尔又在想，这个村庄需要水，其他有类似环境的村庄一定也需要水。于是他重新制订了他的商业计划，开始向其他的村庄推销他的快速、大容量、低成本并且卫生的送水系统。每送出一桶水他只赚1便士，但是每天他能送几十万桶水。无论他是否工作，几十万人都要消费这几十万桶的水，而所有的这些钱最后都流入到比尔的银行账户中。显然，比尔不但开发了使水流向村庄的管道，而且还开发了一个使钱流向自己钱包的管道。

从此以后，比尔幸福地生活着，而艾德在他的余生里仍拼命地工作，最终还是陷入了永久的财务问题中。

比尔之所以能获得成功，就在于他懂得及时转变思维。当得到送水合同时，他并没有立即投入挑水的队伍中，而是运用他的系统思维将送水工程变成了一个体系，在这个体系中的人物各有分工，通力协作。当这一送水模式在本村庄获得成功后，比尔又运用他的联想思维与类比思维，考虑到其他的村庄也需要这种安全、卫生、方便的送水服务，更加开拓了他的业务范围。比尔正是运用了巧妙的思维达到了巧干的结果。

转换思维是所有人所追求的一种理想化的状态，这主要在于每个人的大脑资料储存量和运算速度，就好比计算机的处理器芯片，首先要往计算机里输入更多的资料，这是前提，其次是处理器运算速度要快，才能第一时间有效的搜索到你储存的资料并能合理的应用。

要想转换思维，首先要不断地学习和吸收各方面的资料，做到最大的资料储存量，这是前提；第二要不断地整理和归类大脑里所储存的资料，以便可以最快速度找到和应用；第三就是提高自己的胆量，打破常规的界限，通俗点说就是想常人不敢想，做常人不敢做的，但是前提是要对自己有充分把握的情况下。

思路决定出路，思维改变人生。拥有正确的思维，运用正确的思维，灵活改变自己的思维，才能使自己的路越走越宽，才能使自己的成就越来越显著，才能演绎出更加精彩的人生画卷。

第二十七节　好的思维才能取得最佳效果

很多年前，一则小道消息平静地传播在人们之间：美国穿越大西洋底的一根电报电缆因破损需要更换。这时，一位不起眼的珠宝店老板对此没有等闲视之，他十万火急，毅然买下了这根报废的电缆。

没有人知道小老板的企图："他一定是疯了！"异样的眼光惊诧地围绕在他的周围。

而他却关起店门，将那根电缆洗净、弄直，剪成一小段一小段的金属段，然后装饰起来，作为纪念物出售。大西洋底的电缆纪念物，还有比这更有价值的纪念品吗？

就这样，他轻松地成功了。接着，他买下了欧仁皇后的一枚钻石。那淡黄色的钻石闪烁着稀世的华彩，人们不禁问：他自己珍藏还是抬出更高的价位转手？

他不慌不忙地筹备了一个首饰展示会，其他人当然是冲着皇后的钻石而来。可想而知，梦想一睹皇后钻石风采的参观者会怎样蜂拥着从世界各地接踵而至。

他几乎坐享其成，毫不费力就赚了大笔的钱财。

他，就是后来美国赫赫有名、享有"钻石之王"美誉的查尔斯·刘易斯·蒂梵尼，原本只是一个磨房主的儿子！

这个故事告诉我们这样一个简单的道理：好思维能取得最佳效果。蒂梵尼没有将废旧电缆视为垃圾和废物，而是从纵深角度挖掘出了它的纪念价值。他也没有将皇后的钻石独自收藏或高价转让，而是从侧面开发出它更多的观赏价值，以及由此带来的对其他珠宝首饰销量的带动。

当别人关注于事物的某一点时，蒂梵尼总能看到更有价值的那个方面，并全力将它开发出来。可以说，蒂梵尼日后能够取得如此辉煌的成就，与他的思维是分不开的。

英国有这样一位美女，她很善于灵活运用自己的思维，尤其善于运用独特的创意来拓展自己的业务，她就是被美容界称为“魔女”的安妮塔。

安妮塔拥有数千家美容连锁店，不过，安妮塔这个庞大的美容帝国，从没花过一分钱的广告费。

安妮塔于1971年贷款4 000英镑开了第一家美容小店。她把店铺的外面漆成了绿色，以求吸引路人的眼球。

开业前有一天，安妮塔收到一封律师来函，律师称受安妮塔小店附近两家殡仪馆的委托控告她，要她要么不开业，要么就改变店外装饰，原因是她的小店这种花哨的装饰，破坏了殡仪馆庄严肃穆的气氛，从而影响了殡仪馆的生意。

安妮塔又好气又好笑，无奈中她灵机一动，想出了一个好主意。她打了一个电话给布利顿的《观察晚报》，声称她知道一个吸引读者扩大销路的独家新闻：黑手党经营的殡仪馆正在恐吓一个手无缚鸡之力的可怜女人——罗蒂克·安妮塔，这个女人只不过想在她丈夫准备骑马旅行探险的时候，开一家美容小店维持生计而已。

《观察晚报》的显著位置报道了这个新闻，不少富有同情心和正义感的读者都来美容店安慰安妮塔。由于舆论的作用，那位律师也没有再来找麻烦。这样，小店尚未开业，就在布利顿出了名。

开业初几天，美容小店顾客盈门，热闹非凡。然而不久，一切发生了戏剧性的变化，顾客渐少，生意日淡。经过反思，安妮塔终于发现，新奇感只能维持一时，不能维持一世。自己的小店最缺少的是宣传。小店虽然别具风格，自成一体，但给顾客的刺激还远远不够，需要马上改进。

一个凉风习习的早晨，市民们迎着朝阳去肯辛顿公园，发现一个奇怪的现象：一个披着曲卷头发的古怪女人沿着街道往树叶或草坪上喷洒草莓香水，清新的香气随着袅袅的晨雾飘散得很远很远。她就是安妮塔，她要营造一条通往美容小店的馨香之路，让人们认识并爱上美容小店，闻香而来，成为常客。

安妮塔的这些非常奇特意外的举动，又一次上了布利顿的《观察晚报》的版面。

后来，美容小店进军美国，在临开张的前几周，纽约的广告商纷至沓来，热情洋溢地要为美容小店做广告。他们相信，美容小店一定会接受他们的建议，因为在美国，离开了广告，商家几乎寸步难行。

但安妮塔却态度鲜明地说："先生，实在抱歉，我们的预算费用中，没有广告费用这一项。"

美容小店离经叛道的做法，引起美国商界的纷纷议论：外国零售商要想在商号林立的纽约立足，若无大量广告支持，说得好听是有勇无谋，说得难听无异于自杀。

而敏感的纽约新闻媒体没有漏掉这一"奇闻"，它们在客观报道的同时还加以评论。读者开始关注起这家来自英国的公司，觉得这家美容小店确实很怪。

实际上，这已经起到了广告宣传的作用，安妮塔为此节省了上百万美元的广告费。

安妮塔就是依靠这一系列标新立异的创意让媒体不自觉地时常为其免费做广告，使最初的一间美容小店扩张成跨国连锁美容集团，其手法令人拍案叫绝。她的公司于 1984 年上市以后，很快就使她步入了亿万富翁的行列。

安妮塔虽然没有向媒体支付过一分钱的广告费，却以自己不断推出的标新立异的做法始终受到媒体的关注，使媒体不自觉地时常为其免费做广告，其手法同样令人拍案叫绝。

回过头来思考安妮塔获得的成功，无疑还是得益于她的好思维。她懂得运用思维的妙处，用“不打广告”这一“告示”来吸引媒体的眼球，起到了免费广告的作用。

人的思维是一种很奇妙的东西，它可以向无限的空间扩展，又可以层层收缩、探其根源，还可以逆转过来，从结局推导原因；更可以将各种思维糅合在一起，系统分析，就看拥有它的人是否能够打开自己的思路，灵活地加以运用。思维是人的一种工具，你可以自由地支配和利用它。运用好自己的思维，最终，你也会收获累累硕果。

第二十八节　让思维的触角无限延伸

有人问：创造性最重要的先决条件是什么？我们给出的答案是："思维开阔"。由于受到各种思维定式的影响，人们对于司空见惯的事物其实并不真正了解。也可以说，我们经常自以为海阔天空、无拘无束地思索，其实说不定只是在原地兜圈子。只有当我们将自己的视角扩大一些，来观察这同一个世界的时候，才可能发现它有许许多多奇妙的地方，才能发觉原先思考的范围很狭窄。

假设我们站在房子中央，如果我们朝着一个方向走两步、3 步、5 步、7 步或 10 步，我们能看到多少原来看不到的东西呢？房子还是原来的房子，院子还是原来的院子。现在设想我们离开房子走了 100 步、500 步、700 步，是否看到了更多的新东西？再设想我们离开房子走了 100 米、1 000 米或 1 万米，我们的视界是否有所改变？我们是否看到了许多新的景色？我们身边到处都是新的发现、新的事物、新的体验，我们必须准备多迈出几步，因为我们走得越远，有新发现的概率越高。当我们欣赏落日余晖的时候，不妨把目光转向东方，那里有许多被人忽略的壮丽景观，像流动的彩云、窗户上反射出的日光等；还可以把目光转向北方、南方的整个天空，这也是一种训练观察范围的方法，随着观察范围的扩大，创意的素材就会源源不断地进入我们的头脑。

也许有人会认为，观察和思考某一个对象，就应该全力集中在这一个对象身上，不应该扩大观察和思考的范围，以免分散注意力。而实际情况并非如此。多视角、多项感观机能的调动对于创新思维往往能够起到促进作用。人们发现，儿童在回答创意测验题时，喜欢用眼睛扫视四周，试图找到某种线索。线索丰富的环境能够给被试者以良好的思维刺激，使他获得更多的创见。

科学家进行过这样一次测试，首先把一群人关进一所无光、无声的室内，使他们的感官不能充分发挥作用。然后再对他们进行创新思维的测试，结果，这些人的得分比其他人要低很多。由此可见，观察和思考的范围不能过于狭窄。

扩展思维的广度，也就意味着思维在数量上的增加，像增加可供思考的对象，或者得出一个问题的多种答案，等等。从实际的思维结果上看，数量上的“多”能够引出质量上的“好”，因为数量越大，可供挑选的余地也就越大，其中产生好创意的可能性也就越大。谁都不能保证，自己所想出的第一个点子肯定是最好的点子。比如，小小的拉链，最早的发明者仅仅用它来代替鞋带，后来有家服装店的老板把拉链用在钱包和衣服上，从此，拉链的用途逐渐扩大，几乎能把任何两个物体连接起来。

从思维对象方面来看，由于它具有无穷多种属性，因而使得我们的思维广度可以无穷地扩展，而永远不会达到尽头。扩展一种事物的用途，常常会导致一项新创意的出现。

美国康奈尔大学的威克教授曾做过这样一个实验：他把几只蜜蜂放进一个平放的瓶中，瓶底向光；蜜蜂们向着光亮不断碰壁，最后停在光亮的一面，奄奄一息；然后在瓶子里换上几只苍蝇，不到几分钟，所有的苍蝇都飞出去了。原因是它们多方尝试——向上、向下、向光、背光，碰壁之后立即改变方向，虽然免不了多次碰壁，但最终总会飞向瓶颈，脱口而出。威克教授由此总结说：“横冲直撞总比坐以待毙高明得多。”

思维阔无际崖，拥有极大自由，同时，它又最容易被什么东西束缚而困守一隅。

在哥白尼之前，地心说统治着天文学界；在爱因斯坦发现相对论之前，牛顿的万有引力似乎完美无缺。大家的思维因有了一个现成的结论，而变得循规蹈矩，不再去八面出击。后来，哥白尼和爱因斯坦横冲直撞，前者才发现了地心说的错误，后者发现了万有引力的局限。

在学习与工作中，我们要学一学苍蝇，让思维放一放野马，在自由的原野上横冲直撞一下，也许你会看到意想不到的奇妙景象。

1782年的一个寒夜，蒙格飞兄弟烧废纸取暖，他俩看见烟将纸灰冲上房顶，突然产生了能否把人送上天的联想，于是兄弟俩用麻布和纸做了个奇特的彩色大气球，八个大汉扯住口袋进行加温随后升天，一直飞到数千米高空，令法国国王不停地称奇，从而开辟了人类上天的先河。

英军记者斯文顿在第一次世界大战中，目睹英法联军惨败于德军坚固的工事和密集的防御火力后，脑中一直盘旋着怎样才能对付坚固的工事和密集的火力这一问题。一天他突发灵感，想起在拖拉机周围装上钢板，配备机枪，发明了既可防弹又能进攻的坦克，为英军立下奇功。

有时，并不是我们没有创造力，而是我们被已有的知识限制，思维变得凝滞和僵化。而那些思维活跃、善于思考的人往往能做到别人认为不可能做到的事情。

1976年12月的一个寒冷早晨，三菱电机公司的工程师吉野先生两岁的女儿，将报纸上的广告单卷成了一个纸卷，像吹喇叭似的吹起来。然后她说："爸爸，我觉得有点暖呼呼的啊。"孩子的感觉是喘气时的热能透过纸而被传导到手上。

正苦于思索如何解决通风电扇节能问题的吉野先生突然受到了启发：将纸的两面通进空气，使其达到热交换。他以此为原型，用纸制作了模型，用吹风机在一侧面吹冷风，在另一侧面吹进暖风，通过一张纸就能使冷风变成暖风，而暖风却变成了冷风。此热交换装置仅仅是将糊窗子用的窗户纸折叠成像折皱保护罩那样一种形状的东西，然后将它安装在通风电扇上。室内的空气通过折皱保护罩的内部而向外排出，室外的空气则通过折皱保护罩的外侧而进入保护罩内。通过中间夹着的一张纸，使内、外两方面的空气相互接触，使其产生热传导的作用。如果室内是被冷气设备冷却了的空气，从室外进来的空气就能加以冷却，比如室内温度26摄氏度，室外温度32摄氏度，待室外空气降到27.5摄氏度之后，再使其进入室内。如果室内是暖气，就将室外空气加热后再进入室内，比如室外零度，室内20摄氏度，则室外寒风加热到15摄氏度以后再入室。这样，就可节约冷、热气设备的能源。

三菱电机公司把这一装置称做无损耗的商品，并在市场出售。使用此装置，每当换气之际，其损失的能源可回收十分之二。

我们的大脑潜力无穷无尽，没有完全开发出来。让思维的触角无限扩展，无限延伸，在万物原始状态中遨游，与高维层的生命沟通，与万物交融，与宇宙精神往来，汲取宇宙的一切智慧和营养。这时，脑电波和思维波处于高频振动的状态，与自然大道契合，相密无间，生命处于开放的状态，随时会得到大自然的哺育，会进入深层的冥想状态。把心力、体力、智力集中，才会产生智慧的火花。集中精神，心力不涣散，进入忘我、无我的境界。我们的能量无限，是由于我们的思维无形。

有时，我们会被难以解决的问题所困扰，这时，需要我们为思路打开一个出口，开辟一片自由的思想原野，让思维自由放飞，这样，会让你得到更多。生命有限，思维无限！

第二十九节　通过活动促进右脑功能的发挥

大脑的左、右两个半球分别称为左脑和右脑。它们表面有一层约 3 毫米厚的大脑皮质或大脑皮层。两半球在中间部位相接。美国神经生理学家斯佩里发现了人的左脑、右脑具有不同的功能。右脑主要负责直感和创造力，或者称为司管形象思维、判定方位等。左脑主要负责语言和计算能力，或称为司管逻辑思维。一般认为,左脑是优势半球,而右脑功能普遍得不到充分发挥。.

从创新思维的角度来说，开发右脑功能的意义是十分重大的。因为右脑活跃起来有助于打破各种各样的思维定式，提高想象力和形象思维能力。近年来，不少人对锻炼、开拓右脑功能产生了浓厚兴趣。提倡开拓右脑，正是为了求得左、右脑平衡、沟通和互补，以期最大限度地提高人脑的效率。两个大脑半球的活动更趋协调后，将进一步提高人的智力和创新能力。

在现实生活中 95%以上的人是“半脑人”，即仅仅使用了左脑，造成这种现象的原因主要是人类多使用右手，逻辑分析能力，数算以及机械记忆等都靠左脑来完成，造体左脑满负荷运转，另一方面，传统的应试教育培养了一大批只会循规蹈矩、缺乏应变能力、创造力的左脑型人群。

能促进右脑功能发挥的活动有许多，现讲述几点：

第一，利用形象开发右脑。右脑是形象的脑，在爱信诚速读速记中眼脑直映的阅读特点，要求我们省去音读现象，将文字大块大块地映入大脑，用文字形象化来开发右脑。当我们在背数字、文字或字母的时候，把要记的东西的形象刻在脑海中，当我们在背的时候，仿佛是看着头脑中所记东西的形象读出来一样，不仅记得快，而且记得牢，通过一系列形象开发右脑。

第二，利用音乐开发右脑。在工作或学习场所播放一些优美、舒缓的轻音乐，这种背景音乐能有效地提高工作或学习效率，这在实际的教学中也得到证实。

第三，左侧运动。经常利用左半身的手、臂、腿、脚进行活动，能促进右脑的开发，如：用左手写字、画画、剪纸等；用左手做事，用左手拿筷子、刷牙、扫地、拿东西；左腿活动，用左脚踢球、跳皮筋等。

如果每天得在汽车上度过较长时间，可利用它锻炼身体左侧。如用左手扶住车把手，或手扶把手，让左脚单脚支撑站立。习惯于将钱放在自己的衣服左口袋，上车后以左手取钱买票。此外，还有一些特殊的方法值得借鉴。

第四，冥想训练。经常用美好愉快的形象进行想象，如回忆愉快的往事，遐想美好的未来，想象时形象鲜明、生动，不仅使人产生良好的心理状态，还有助于右脑潜能的发挥。

第五，手指刺激法。苏联著名教育家苏霍姆林斯基说，手使脑得到发展，使它更加聪明。他又说："儿童的智慧在手指头上。"许多人让儿童从小练习用左手弹琴、打字、珠算等，这样双手的协调运动，会把大脑皮层中相应的神经细胞的活力激发起来。

第六，环、球刺激法。尽量活动手指，促进右脑功能，是这类方法的目的。例如：每捏一次健身环需要10至15公斤握力，五指捏握时，又能促进对手掌各穴位的刺激、按摩，使脑部供血通畅。特别是左手捏握，对右脑起激发作用。有人数年坚持随身带个圈（健身圈），有空就捏转；家中备副球，活动左右手，确有健脑益智之效。此外，多用左、右手掌转捏核桃，作用也一样。

训练右脑的方法有许多，可以通过潜意识、脑电波、学习记忆术等来训练，诸如非语言活动、跳舞、美术、种植花草、手工技艺、烹调、缝纫等。既利用左脑，又运用了右脑。如每天练半小时以上的健身操，打乒乓球、羽毛球等，特别需要让左手、右腿多活动，这类活动是自外而内地作用于大脑的。

在今天，人类已高度重视对自身大脑的研究，左右脑功能的研究已获得突破性进展，深入开发右脑的功能，重视发展形象思维。通过右脑功能的开发，形象思维的发展，必将造就出左右脑并用的新一代高素质人才。

第三章　摆脱错误思考的策略

要想摆脱错误思考，就必须打破常规的思维方式，敞开思想，使意识进入创造性设想的状态，让各种设想在相互碰撞中激起脑海中沉睡的灵感。为此，这部分内容从诸多角度阐释了开创性思维的原则、途径和方法，提出了摆脱错误思考的根本性策略。

第三十节　运用想象探索未曾存在的事物

想象作为形象思维的一种基本方法，不仅能构想出未曾知觉过的形象，而且还能创造出未曾存在的事物形象，因此是任何探索活动都不可缺少的基本要素。没有想象力，一般思维就难以升华为创新思维，也就不可能做出创新。

美国的莱特兄弟在大树下玩的时候，看到一轮明月挂在树梢，便产生了上树摘月亮的幻想。结果不但没有如愿摘到月亮，反而把衣服挂破了。

“如果有一只大鸟，我们就能骑上它，飞到天空中去摘月亮了。”两个孩子想到。

从此莱特兄弟俩废寝忘食，终于在1903年根据鸟类和风筝的飞行原理，成功地制造出了人类历史上第一架用内燃机做动力的飞机。莱特兄弟的“骑上大鸟，飞上天空”的幻想终于实现了。

当然，由于想象是脱离现实的，因此想象越大胆，所包含的错误可能也越多，不过这并没有什么关系，因为想象中所蕴涵的创新价值往往是不可估量的。比如，人类有了嫦娥奔月的幻想，才有今天阿波罗号登月；有了木牛流马的幼稚想象，才有今天在战场上纵横驰骋的装甲战车。这些都是想象给人的启迪，人类科学史上的许多创造发明、发现都是从想象中产生的。

DNA双螺旋结构的发现，是近代科学的最伟大成就之一。由于DNA是生物高分子，普通光学显微镜无法看到它的结构。1945年，英国生物学家威尔金斯首先使用X光衍射技术拍摄到世界上第一张DNA结构照片，但很不清晰，照片上看到的是一片云状的斑斑点点，有点像是螺旋形，但不能断定。1951年春，英国剑桥大学的另一位生物学家克里克利用X光射线拍摄到了清晰的蛋白质照片，这是一个重大的突破。美国一位年轻的生物学博士沃森当时正在做有关DNA如何影响遗传的实验，听到这一消息便来到克里克的实验室和克里克一起研究DNA结构。

这年5月，沃森在一次学术会议上见到威尔金斯，威尔金斯提出了DNA可能是螺旋形结构的猜想。回到剑桥大学后，沃森便和克里克一起仔细研究那张DNA照片。沃森想，DNA的结构形状会不会是双螺旋的，就像一个扶梯，旋转而上，两边各有一个扶手？他便与克里克用X光衍射技术反复对多种病毒的DNA进行照相，并进行多次模拟实验。最后他们终于发现DNA的基本成分必须以一定的配对关系来结合的结构规律，从而揭示出DNA的分子式是“双螺旋结构”。1953年4月，他们有关DNA结构的论文发表在英国《自然》杂志上。这篇论文只有1 000多字，其分量却足以和达尔文的《物种起源》相比。

DNA结构的发现，为解开一切生物（包括人类自身）的遗传和变异之谜带来了希望。1962年，沃森、克里克和威尔金斯三人因DNA结构的发现而共获诺贝尔医学奖。

从DNA结构的发现过程中我们可以看出，想象在科学创新过程中起了决定性作用。

想象不仅能帮助人们摒弃事物的次要方面，而且能帮助人们抓住事物的重要本质特征，并在大脑中把这些特征组合成整体形象，从而探索到新的知识。知识创新需要有卓越的想象力，与计算机相比，想象力是人脑的优势。在逻辑中难以推导出新知识、新发明的地方，想象力能以超常规形式为我们提供全新的目标形象，从而为揭示事物的本质特征提供重要思路或有益线索，为我们开拓出全新的思维天地。

运用想象力探索新知识，首先要善于提出新假说。创造性想象对于提出科学假说具有重要作用。恩格斯说：“只要自然科学在思维着，它的发展形式就是假说。”科学知识的一般形成法则可以表达为一个公式：问题——假说——规律（理论）。最初总是从发现问题开始的。然后，根据观察实验得来的事实材料提出科学的假说，假说经过实践检验得到确证以后，就上升为规律或者理论。

从文学角度来看，知识可以使我们明察现在，而丰富的想象力则可以使我们拥有开拓未来、探索新知识的能力。想象能开阔我们的视野，使我们洞察到前所未有的新天地。想象是直觉的延伸与深化，卓越的想象力更有助于人们揭示未知事物的本质。

第三十一节　从兴趣中激发形象思维

兴趣，是一个人充满活力的表现。生活本身应该是赤橙黄绿青蓝紫多色调的。从兴趣中激发形象思维，生活才会有七色阳光，才会有许许多多的创造成果。

爱因斯坦把全部的兴趣和想象投入了他热爱的物理学领域。对自己不感兴趣的课程，他很少投入过多心思去学习。不管在哪儿，他的思想都在物理学中，在他研究的问题里漫游着。想象力就是驱动力，驱使着他去寻找问题的答案。

一天，他对经常辅导他数学的舅舅说："如果我用光在真空中的速度和光一道向前跑，能不能看到空间里的电磁波呢？"舅舅用异样的目光盯着他看了许久，目光中既有赞许又有担忧。因为他知道，爱因斯坦提出的这个问题非同一般，将会引起出人意料的震动。此后，爱因斯坦全身心地投入到了此项研究，并提出了相对论。

物理学问题激发了他的想象，他的想象力又帮他探索着这些物理学问题。在科学研究领域，兴趣与想象是一对无法分开的姊妹。

镭的发现也是这样一种过程。

镭的母亲居里夫人从小就对科学实验发生了兴趣。在与法国年轻物理学家皮埃尔·居里相识后，居里夫人正式走入了物理学研究的大门。

居里夫人注意到法国物理学家贝克勒尔的研究工作。自从伦琴发现X射线之后，贝克勒尔在检查一种稀有矿物质铀盐时，又发现了一种“铀射线”，朋友们都叫它贝克勒尔射线。

贝克勒尔发现的射线，引起了居里夫人极大兴趣，射线放射出来的力量是从哪里来的？居里夫人看到当时欧洲所有的实验室还没有人对铀射线进行过深入研究，于是决心闯进这个领域。

居里夫人受过严格的高等化学教育，她在研究铀盐矿石时想到，没有什么理由可以证明铀是唯一能发射射线的化学元素。她根据门捷列夫的元素周期律排列的元素逐一进行测定，结果很快发现另外一种钍元素的化合物，也能自动发出射线，与铀射线相似，强度也相像。居里夫人认识到，这种现象绝不只是铀的特性，必须给它起一个新名称。居里夫人提议叫它“放射性”，铀、钍等有这种特殊放射功能的物质，叫做放射性元素。

一天，居里夫人想到，矿物是否有放射性？在皮埃尔的帮助下，她连续几天测定能够收集到的所有矿物。她发现一种沥青铀矿的放射性强度比预计的强度大得多。

经过仔细地研究，居里夫人不得不承认，用这些沥青铀矿中铀和钍的含量，绝不能解释她观察到的放射性的强度。

这种反常的而且过强的放射性是哪里来的？只能有一种解释：这些沥青矿物中含有一种少量的比铀和钍的放射性作用强得多的新元素。居里夫人在以前所做的试验中，已经检查过当时所有已知的元素了。居里夫人断定，这是一种人类还不知道的新元素，她要找到它！

居里夫人的发现吸引了皮埃尔的注意，居里夫妇一起向未知元素进军。在潮湿的工作室里，经过居里夫妇的合力攻关，1898年7月，他们宣布发现了这种新元素，它比纯铀放射性要强400倍。为了纪念居里夫人的祖国——波兰，新元素被命名为“钋”。

1898年12月，居里夫妇又根据实验事实宣布，他们又发现了第二种放射性元素，这种新元素的放射性比钋还强。他们把这种新元素命名为“镭”。可是，当时谁也不能确认他们的发现，因为按化学界的传统，一个科学家在宣布他发现新元素的时候，必须拿到实物，并精确地测定出它的原子量。而居里夫人的报告中却没有钋和镭的原子量,手头也没有镭的样品。居里夫妇克服了人们难以想象的困难，为了提炼镭，他们辛勤地奋斗着。居里夫人每次把 20 多公斤的废矿渣放入冶炼锅熔化，连续几小时不停地用一根粗大的铁棍搅动沸腾的材料，而后从中提取仅含百万分之一的微量物质。

他们从 1898 年一直工作到 1902 年，经过几万次的提炼，处理了几十吨矿石残渣，终于得到 0.1 克的镭盐，测定出了它的原子量是 225。

镭宣告诞生了！

居里夫妇证实了镭元素的存在，使全世界都开始关注放射性现象。镭的发现在科学界爆发了一次真正的革命。

有些人抱怨自己在学习和工作中发挥不出任何想象力，其中的原因也许就在于你对所从事的事情不感兴趣。这时，你需要做的就是换一件事情来做，或者培养自己对目前工作的兴趣。有了兴趣，就会激发出无限的想象力，做什么事情都会感到身心愉悦、轻松愉快，也会觉得浑身有使不完的力气，学习工作都会有持久的活力。

第三十二节　想象能把你推向预期目标

许多人认为，只有爱因斯坦式的伟大人物才能够通过想象力创造奇迹，事实上，我们每个人都有创造类似奇迹的天赋，只是我们大多数人没有发挥出来而已。如果你怀疑这个论断，就请从下面的几个实验中选一个验证一下吧。这个论断也告诉我们，想象能把你推向预期的目标。倘若我们想象着自己在做某件事，脑子里留下的印象和我们实际做那件事留下的印象几乎是一样的。通过想象力完成的实践还能够强化这种印象。有些事情，甚至单纯通过想象力就可以实现。

通过一个人为控制的实验，心理学家凡戴尔证明：让一个人每天坐在靶子前面，想象着自己正在对靶子投镖。经过一段时间后，这种心理练习几乎和实际投镖练习一样能提高准确性。

《美国研究季刊》曾报道过一项实验，证明想象练习对改进投篮技巧的效果。

第一组实验者在20天内每天练习实际投篮，把第一天和最后一天的成绩记录下来。

第二组实验者也记录下第一天和最后一天的成绩，但在此期间不做任何练习。

第三组实验者记录下第一天的成绩，然后每天花20分钟做想象中投篮。倘若投篮不中时，他们便在想象中作出相应的纠正。

实验结果：

第一组每天实际练习20分钟，进球增加了24%。

第二组因为没有练习，也就毫无进步。

第三组每天想象练习投篮20分钟，进球增加40%。

查理·帕罗思在《每年如何推销两万五》的书中，讲到底特律的一些推销员利用一种新方法让推销额增加了100%，纽约的另一些推销员增加了150%，其他一些推销员使用同样的方法，则让他们的推销额增加了400%。

推销员们使用的魔法实际上就是所谓的扮演角色。其具体做法是：想象自己完成了多少销售任务，然后找出实现的方法，这样反复想象，直到实际完成的任务量达到想象中完成的任务量。

由此可见，他们取得好成绩也就很正常了。如此，他们越来越善于处理不同的情况了。一些卓有成效的推销员，通过想象力，并结合自己实际的操作，取得了很高的工作业绩。

他们还深刻地得出以下的体会：每次你同顾客谈话时，他说的话、提的问题或反对意见，都是体现了一种特定的情境。倘若你总是能估计他要说些什么，并能马上回答他的问题、妥善处理他的反对意见，你就能把货物推销出去。

一个成功的推销员自己就可以想象推销时的情境。想象出客户怎样刁难自己，自己应该怎样对付，等等。

由于事先想象过了，不管在什么情况下，你都能够有备无患。你想象和顾客面对面地站着，他提出反对意见，给你出各种难题，而你能迅速而圆满地加以解决。

从古到今，不少成功者都曾自觉或不自觉地运用了想象力和排练实践来完善自我，获得成功。

拿破仑在带兵横扫欧洲之前，曾经在想象中演习了多年的战法。《充分利用人生》一书中说："拿破仑在大学时所做的阅读笔记，复印时竟达满满400页之多。他把自己想象成一个司令，画出科西嘉岛的地图，经过精确的计算后，标出他可能布防的每一情况。"

世界旅馆业巨头康拉德·希尔顿在拥有一家旅馆之前，就想象自己在经营旅馆。当他还是一个小孩子的时候，就常常扮演旅馆经理的角色。

亨利·凯瑟尔说过，事业上的每一个成就实现之前，他都在想象中预先实现过了。这真是妙不可言，难怪人们过去总是把想象和魔术联系起来。想象力在成功学中确实具有难以预料的魔力。

但是想象力并非魔力，它是我们每个人大脑里生来就有的一种思维能力。如果你想看看自己的想象力到底有多大能量，不妨用上面的几个例子自己试验一下。

第三十三节　视觉化思考的训练步骤

将创意视觉化是许多创造人士成功的秘密，也是各行各业高效能表现的秘诀。

在过马路的时候，我们会先看看路的两边有没有情况，如果有辆汽车开过来，我们就会停下来。如果看到远处有辆汽车，我们就会想想在车开到身边前自己能不能过这条马路，如果能的话，我们就会十分安心、大步流星地过马路；而如果过不去的话，我们就会在那里等着，一直等到汽车安全地开过去。正是通过这些最终的行动，我们表明了自己的决定。

让我们来看看视觉化思考的过程。

第一步：看

“看”只是一个接收我们身边视觉信息的程序。它只是收集一些信息，初步试探一下面对的是什么情况，使我们心里有一个大致准备。它还包括快速扫视一下周围环境，以便建立起对整体情况的初步印象，同时还要迅速地问自己一连串问题，来帮助我们对面前的情况作出首次成功的判断。

“看”的时候要提的问题是，都有些什么材料？材料是不是很多？还缺哪些材料？我能看多远？此时此地，我讨论的范围是什么，我的眼界又受到了怎样的限制？我面前的这些材料是不是我想看到的？我能否很快得到那些我想要看到的材料，或者还要花一些额外的时间去梳理这一堆材料？

“看”的时候要采取的行动是，扫视一下整个环境，形成一个大体印象；最好不要“只见树木，不见森林”，也不要“一叶蔽目，不见泰山”。找到讨论的范围并确定要考虑哪些问题。找出自己观点中有哪些局限，判断出该用何种方式整理面前的材料。初步筛选，过滤掉一些无用的信息；将关注点集中到有用的信息上。

第二步：观察

观察是接收视觉信息的下一个步骤，在这个环节中，我们的眼睛才有意识地积极作出反应。当我们只是大概看看的时候，我们只能扫一眼整体的环境，只能初步收集一些非常基本的信息。而现在，我们已进入观察环节，眼睛开始选出那些值得进一步检视的信息，前提是我们能在这些信息中发现一些特点——只不过有时候是有意为之，有时候则是无意的。

观察的时候要提的问题是，我是否知道自己正在看什么？我以前见过这个东西吗？ 这些材料有什么特点？什么方面能引人注意？从观察到的这些东西里，我能得到些什么信息——比如它具有怎样的形式、哪些内容已经凸显出来、它们之间又有哪些相互作用——来帮助自己更好地理解整体情况，以便能作出最佳决策？我是否已经收集了足够多的视觉信息来帮助自己弄清楚看到的东西，我是否需要回过头来再看一遍，还是开始下一步？

观察的时候要采取的行动是，过滤出最实用的信息：积极地挑选出那些值得再看上一眼的视觉信息，放弃不值得注意的视觉信息。随后回过头来再检查一遍。将内容分类并将它们区别开来：根据不同类型，把材料和信息分为不同等级。发挥你的创造力，关注材料的形式特点与分类：在视觉信息中找出共性，特别是在不同种类之间找出共性。

第三步：想象

当视觉信息被收集并加以分类后，才会进入想象阶段，这个时候被收集和分类的视觉信息才会得到处理。我们可以这样理解想象：它是我们闭上眼睛看事物的一种行为，或者是观察那些不存在于眼前事物的行为。

想象的时候要提的问题是，我以前在哪里见过它？我能否将它同我以前看过的事物做类比？有什么更好的方法能让我将所看到的样本的特点刻画出来？我是否可以重新整理一下这些材料，让它们变得更有意义、更能说明问题？我能否进一步处理这些材料中显现出的特点，使那些看不见的内容变得清晰起来？有没有什么隐藏着的结构和我看到的所有事物都有联系？我能否将看到的其他内容也放进这个框架里？

想象的时候要采取的行动是，闭上眼睛：当所有未加处理的视觉信息汇集到脑海里时，你需要闭上眼睛来审视它们，看在这些材料之间是否有新的联系浮现。找到可以类比的东西：问问自己，“我以前在哪里见过它？”随后要好好想想，在新的情况下，如何处理类似的问题。处理图表：把图片倒过来看，或者把图片从左边翻到右边，变动一下坐标系，把坐标里面的内容移到坐标外面，看是否可以看到一些新的东西、一些以前没有看见的东西。改变那些显而易见的想法：寻找多种途径来展示同样的东西，以此来练习视觉创意。

第四步：展示

一旦我们已经在视觉材料中找到规律和特点，并把它们弄得很清楚，还找到了合适的途径来分析处理它们，也发现了一些新的内容，我们就该把它们完完全全地展示给他人。为此，我们需要总结一下自己看到的所有内容，找到最合适的框架、用清晰明确的方式来表达自己的观点。这就需要把所有内容都明白无误地画在纸上，明确勾画出我们想象的内容，随后还要回答听众们提出的各种问题。

展示的时候要提的问题是，对我的听众和我来说，哪幅图对我的想法最为重要？哪种方式才是我传达想法的最佳选择？同别人分享我所看到的内容时，哪一种视觉框架才是最合适的？当我回到最初看到的内容时，我正在向别人展示的东西是否仍然有意义？先对别人们说，“这就是我看到的。”然后再问问他们，“你们是否也这么看？你们是看到了一样的东西，还是看到了不一样的？”

展示的时候要采取的行动是，展示你最闪亮的创意：将所有的视觉创意按一定的原则排序，让那些最贴题、最重要的创意排在最前面。把一切描绘出来：选一个最合适的视觉框架来展示自己的观点，把所有的想法都画在纸上或是黑板上。所画的图中一定要涉及最重要的内容："谁或什么"、"有多少"、"在哪里"、"在什么时候"，并且使"怎么样"去做、"为什么要这样做"等。这些内容，会在视觉上让人感到耳目一新。

你也可以试试以下几种想象游戏，去开发自己的天分。

请准备一颗红苹果、一颗橘子、一颗绿色的无花果、几颗红葡萄和一把蓝莓。把这些水果放在你面前的桌上，静静坐一会儿，让自己随着呼吸的起伏放松。接着，请你仔细观看苹果，用大约30秒的时间，研究苹果的形状和色泽。现在请你闭上眼睛，试着在心中重现苹果的形象。

用同样的方式，轮流研究每一种水果。接着再重复练习一次，但这一次观察时请把水果握在手里。闻闻苹果的香味，并咬一口。把全部的注意力放在这颗苹果的味道、香味和口感上，在你吞咽下这口苹果时，闭上眼，尽情享受被引发的多重感官体验。请你继续用同样的方式，品尝上述的每一种水果，在你心灵的眼睛里，想象每一种水果的形象。

接着，再用你的想象力，创造出每种水果的实际形象，再放大一百倍。再把水果缩回原来的大小，再想象自己从不同的角度看水果。这个有趣的练习，能帮助你强化创意想象的逼真度与弹性。

著有《爱因斯坦成功要素》的闻杰博士发现了一种提高想象力的影像流动法。影像流动其实非常简单，是刺激右半脑和接触内在天才特质的好方法。

这个方法是这样的：先找个舒服的地方坐下来，大吐几口气，用轻松的吐气帮助自己放松。轻轻闭上双眼，再把心中流过的影像大声说出来。

大声形容流过心中的影像，最好是说给另一个人听，或是用录音机录下来亦可。低声的叙述无法造成应有的效应。

用多重感官体验丰富你的形容，五感并用。例如，如果沙滩的影像出现，别忘了描述海沙的质感、香味、口感、声音和外形。当然，形容沙滩的口感听起来很奇怪，但别忘了，这个练习可让你像最有想象力的人物一样思考。

用现在式时态去描述影像，更具有引出灵活想象力的效果，所以在你形容一连串流过的影像时，要形容得仿佛影像现在正在发生。

做这个练习时，不需要主题，只要把影像流动当做是漫游于想象与合并式思考中、不拘形式而流畅的奇遇。影像流动练习通常无须意识的指示，自行找到前进的动力，表达各种主题。你也可以用这个方法向自己提出某个问题，或是深入探讨某一个特定的主题。

第三十四节　由已知求未知的演绎推理法

所谓的演绎推理法，就是从若干已知命题出发，按照命题之间的必然逻辑联系，推导出新命题的思维方法。演绎推理法既可作为探求新知识的工具，使人们能从已有的认识推出新的认识，又可作为论证的手段，使人们能借以证明某个命题或反驳某个命题。

演绎推理法是一种解决问题的实用方法，我们可以通过演绎推理找出问题的根源，并提出可行的解决方案。

伽利略的比萨斜塔试验使人们认识了自由落体定律，从此推翻了亚里士多德关于物体自由落体运动的速度与其质量成正比的论断。实际上，促成这个试验的是伽利略的逻辑思维能力。在实验之前，他做了一番仔细的思考。

他认为：假设物体 A 比 B 重得多，如果亚里士多德的论断是正确的话，A 就应该比 B 先落地。现在把 A 与 B 捆在一起成为物体 A+B。一方面因 A+B 比 A 重，它应比 A 先落地；另一方面，由于 A 比 B 落得快，B 会拖 A 的“后腿”，因而大大减慢 A 的下落速度，所以 A+B 又应比 A 后落地。这样便得到了互相矛盾的结论：A+B 既应比 A 先落地，又应比 A 后落地。

两千年来的错误论断竟被如此简单的推理所揭露，伽利略运用的思维方式便是演绎推理法。

下面又是一个运用演绎推理的典型例子：

有一个工厂的存煤发生自燃，引起火灾。厂方请专家帮助设计防火方案。

专家首先要解决的问题是：一堆煤自动地燃烧起来是怎么回事？通过查找资料，可以知道，煤是由地质时期的植物埋在地下，受细菌作用而形成泥炭，再在水分减少、压力增大和温度升高的情况下逐渐形成的。也就是说，煤是由有机物组成的。而且，燃烧要有温度和氧气，是煤慢慢氧化积累热量，温度升高，温度达到一定限度时就会自燃。那么，预防的方法就可以从产生自燃的因果关系出发来考虑了。

最后，专家给出了具体的解决措施，从而有效地解决了存煤自燃的问题：

一是煤炭应分开储存，每堆不宜过大；

二是严格区分煤种存放，根据不同产地、煤种，分别采取措施；

三是清除煤堆中诸如草包、草席、油棉纱等杂物；

四是压实煤堆，在煤堆中部设置通风洞，防止温度升高；

五是加强对煤堆温度的检查；

六是堆放时间不宜过长。

对这个问题，我们可从两方面进行思考：一是从原因到结果；二是从结果到原因。无论哪种思路，运用的都是演绎推理法。

通过演绎推理推出的结论，是一种必然无误的断定，因为它的结论所断定的事物情况，并没有超出前提所提供的知识范围。

下面是一则趣味数学故事，通过它我们可以看到演绎推理的这一特点。

维纳是20世纪最伟大的数学家之一，他是信息论的先驱，也是控制论的奠基者。3岁就能读写，7岁就能阅读和理解但丁和达尔文的著作，14岁大学毕业，18岁获得哈佛大学的科学博士学位。

在授予学位的仪式上，只见他一脸稚气，人们不知道他的年龄，于是有人好奇地问道："请问先生，今年贵庚？"

维纳十分有趣地回答道："我今年的岁数的立方是个4位数，它的4次方是6位数，如果把两组数字合起来，正好包含0123456789共10个数字，而且不重不漏。"

言之既出，四座皆惊，大家都被这个趣味的回答吸引住了。"他的年龄到底有多大？"一时，这个问题成了会场上人们议论的中心。

这是一个有趣的问题，虽然得出结论并不困难，但是既需要一些数学灵感，又需要掌握演绎思维推理的方法。为此，我们可以假定维纳的年龄是从 17 岁到 22 岁之间，再运用演绎推理方法，看是否符合前提？

请看：17 的 4 次方是 83521，是个 5 位数，而不是 6 位数，所以小于 17 的数作底数肯定也不符合前提条件。

这样一来，维纳的年龄只能从 18、19、20 和 21 这 4 个数中去寻找。现将这 4 个数的 4 次方的乘积列出于后：104 976，130 321，160 000 和 194 481。在以上的乘积中，虽然都符合 6 位数的条件，但在 19、20、21 的 4 次方的乘积中，都出现了数码的重复现象，所以也不符合前提条件。剩下的唯一数字是 18，让我们验证一下，看它是否符合维纳提出的条件。

18 的三次方是 5 832（符合 4 位数），18 的 4 次方是 10 4976（6 位数）。在以上的两组数码中不仅没有重复现象，而且恰好包括了从 0 到 9 的 10 个数字。因此，维纳获得博士学位的时候是 18 岁。.

从以上的介绍来看，无论是关于煤发生自燃的原因的推理，还是科学发现和发明的诞生，都说明演绎推理是一种行之有效的思维方法。因此，我们应该学习、掌握它，并正确地运用它。

第三十五节　据结果推原因的回溯推理法

回溯推理法，顾名思义，就是从事物的“果”推到事物的“因”的一种方法。这种方法最主要的特征就是因果性，在通常情况下，由事物变化的原因可知其结果，在相反的情况下，知道了事物变化的结果，又可以推断导致结果的原因。因此，事物的因果是相互依存的。

例如在20世纪初，非洲流行着一种可怕的昏睡病，许多当地人患了这种疾病以后，就陷入无休止的睡眠当中直到死去。在这里，死是结果，而昏睡病是导致死亡的原因。

为了治疗这种疾病，有人给患者服用一种叫做阿托品的化学药品，虽然将导致昏睡病的锥虫杀死了，但患者病愈后却常常伴有双目失明的痛苦。从因果关系上看，杀死锥虫和失明都是“果”，而“因”是服用阿托品所致，可以说这个是一因二果。面对这样的结果，德国细菌学家埃尔立西设想：能不能把阿托品的化学结构改变以下，使一因二果变成一因一果，即只是杀死锥虫而不至于损害视觉神经。埃尔立西经过无数次的试验，终于和日本学者秦左八郎一起发明了砷制剂“606”，成为治疗昏睡病的有效药物，为化学疗法的发展作出了重要的贡献。

在英国曾经发生过这样一个案例：

英国布雷德福刑事调查科接到一位医生打来的电话说，大概在11点半左右，有一名叫伊丽莎白·巴劳的妇女在澡盆里因虚脱而死去了。

当警察来到现场时，洗澡水已经放掉了，伊丽莎白·巴劳在空澡盆里向内侧躺着，身上各处都没有受过暴力袭击的迹象。警察发现，死者瞳孔扩散得很大。据她丈夫说，当他妻子在浴室洗澡时，他睡过去了，当他醒来来到浴室，便发现他的妻子已倒在浴盆里不省人事。此外，警察还在厨房的角落里找到了两支皮下注射器，其中一支还留有药液。据他所称这是他为自己注射药物所用。

在警察发现的细微环节和死者丈夫的口述中，警察通过回溯推理法很快找到了疑点和线索。

死者的瞳孔异常扩大；既然死者瞳孔扩大，很可能是因为被注射了某种麻醉品；又因为死者是因低血糖虚脱而死亡，则很可能是被注射过量胰岛素。经过法医的检验，在尸体中确实发现细小的针眼及被注射的残留胰岛素，因此可以断定死者死前被注射过量的胰岛素。又通过对死者丈夫的检验得知，他并没有发生感染及病变，即没有注射药剂的必要，因此，死亡很可能是被其丈夫注射过量胰岛素所致。因此警察便将死因和她丈夫联系在一起，通过勘验取得其他证据，并最终破案。

回溯推理法在地质考察与考古发掘方面占有重要的地位。例如，根据对陨石的测定,用回溯推理的方法推知银河系的年龄大概为140亿～170多亿年:又根据对地球上最古老岩石的测定，推知地球大概有46亿年的历史了。

在科学领域，这一方法也常被用做新事物的发明和发现。

自20世纪80年代中期以来,科学家们发现臭氧层在地球范围内有所减少，并在南极洲上空出现了大量的臭氧层空洞。此时，人们才开始领悟到人类的生存正遭受到来自太阳强紫外线辐射的威胁。大气平流层中臭氧的减少，这是科学观察的结果。那么引起这种结果的原因是什么呢？于是科学家们运用了回溯推理的思维方法，开展了由“果”索“因”的推理工作。

其实，1974年化学家罗兰就认为氟氯烃将不会在大气层底层很快分解，而在平流层中氟氯烃分解臭氧分子的速度远远快于臭氧的生成过程，造成了臭氧的损耗。这就是说，氟氯烃是使大气中臭氧减少的罪魁祸首，是出现臭氧空洞的直接原因。

由“果”推“因”的回溯推理法在侦查案件上经常被用到。因为勘查现场的情况就是“果”，由此推测出作案的动机和细节，为顺利地侦破案件创造条件。

回溯推理思维方法既然是一种科学的思维方法，那么就可以通过学习来进行培养，当然就可以通过某些方式来进行自我的训练。例如，多读一些侦探小说、武侠小说，就有利于回溯推理思维能力提高。

英国著名作家阿·柯南道尔著的《福尔摩斯探案全集》，就是一部十分精彩的侦探小说，可以说是一部回溯推理的好教材，不妨认真一读。该书的结构严谨，情节跌宕起伏，人物形象鲜明，逻辑性强，故事合情合理。阅读以后，人们不禁要问：福尔摩斯如何能够出奇制胜呢？原因就在于他掌握了回溯推理这个行之有效的思维方法。其他的影视作品还包括《名侦探柯南》、《金田一》等，在休闲之余，这些作品能帮助我们进行回溯推理思维能力的训练。

第三十六节　寻找共同规律的辏合显同法

"辏"，原是指车轮辐集于毂上，后引申为聚集。辏合显同就是把所感知到的有限数量的对象依据一定的标准聚合起来，寻找它们共同的规律，以推导出最终的结论。这是逻辑思维的一种运用。从最基本的意义上来讲，虽然辏合显同基于对事物特性的不完全归纳，带有想象的成分，但它本身也是一种富有创造性的思维活动，因为它把诸多对象聚合起来，所显示出来的是一种抽象化的特征，在很多情况下，往往是一种新的特征。

辏合显同在科学研究中也是相当有用的。

我国明朝时候，江苏北部曾经出现了可怕的蝗虫，飞蝗一到，整片整片的庄稼被吃光，人们颗粒无收。徐光启看到人民的疾苦，想到国家的危亡，毅然决定去研究治蝗之策。他搜集了自战国以来两千多年有关蝗灾情况的资料。

在这浩如烟海的材料中，他注意到发生151次蝗灾的时间：

发生在农历四月的19次；

发生在五月的12次；

六月的31次；

七月的20次；

八月的12次；

其他月份总共只有9次。

徐光启确定了蝗灾发生的时间，大多在夏季炎热时期，以六月最多。另外他从史料中发现，蝗灾大多发生在"幽涿以南、长淮以北、青兖以西、梁宋以东诸郡之地（相当于现在的河北南部，山东西部，河南东部；安徽、江苏两省北部）”。

为什么多集中于这些地区呢？经过研究，徐光启发现蝗灾与这些地区湖沼分布较多有关。他把自己的研究成果向百姓宣传，并且向皇帝呈递了《除蝗疏》。

徐光启在写《除蝗疏》的整个思维过程中，运用的思考方法 就是我们讲的辏合显同法。

徐光启通过对材料的分析，发现在蝗灾发生的时间、地点上可能会有“共性”之处。于是在这个基础上，再把时间和地点分开进行研究，看看蝗灾发生的时间和地点各自又有些什么特征。

徐光启在思维活动中，把时间和地点这两个目标捕捉住了，然后再单独对每一个特征进行有层次的统计，使这个特征的本质显示出来，也就是说，把蝗灾发生的时间上的本质特征和地点上的本质特征揭示出来。最后再进行综合考察，分析研究，从而得到创造性的效果。这就是《除蝗疏》写作的一个思维过程。

1742 年，德国数学家哥德巴赫写信给当时著名的数学家欧拉，提出了两个猜想。其一，任何一个大于 2 的偶数，均是两个素数之和，其二，任何一个大于 5 的奇数，均是三个素数之和。这便是著名的哥德巴赫猜想。

从猜想形成的思维过程来看，主要是辏合显同的逻辑作用。我们以第一个猜想为例，辏合显同的步骤可表述为下面的过程：

4=1+3（两素数之和）

6=3+3（两素数之和）

8=3+5（两素数之和）

10=5+5（两素数之和）

12=5+7（两素数之和）

这样，通过对很多偶数分解，两素数之和这个共性就显示出来了。

学习辏合显同法，我们可以通过下面几个方法来训练。

一是浏览法。这种技巧要求我们在辏合时，应将对象一个接着一个地分析。分析进行到一定时候，就会产生有关辏合对象共同特征的假设。接下去的浏览（分析）则是为了证实。证实之后，“显同”就实现了。

例如，我们面前有一大堆卡片，每一张卡片都有三种属性：颜色（黄、绿、红）；形状（圆、角、方块）；边数（一条边、三条边、四条边）。

我们可先一张一张看过去，然后形成一个大致的思想：这些卡片的共同点在于都只有三条边，继而再往下分析，看一看这一设想是不是正确。不正确，推倒重来；正确，就确定了共性。

二是定义法。这种方法通常是用来概括认识对象的。给对象下定义，就包括对象的形态、对象的运动过程、对象的功能，通过这样一番概括，我们就能找到事物的共性，也就锻炼了自己的辐辏思维能力。

例如，我们经常在公共场所看到雕像，它是一种艺术，称为雕塑艺术。事实上我们看到的是各种不同的雕像，那么，如何能认识到它的本质呢？这就涉及我们对雕塑艺术的定义了。一般来说，雕塑可定义为：雕塑是一种造型艺术，它通过塑造形象、有立体感的空间形式以及这个种类的艺术作品本身来反映现实，具有优美动人、紧凑有力、比例匀称、轮廓清晰的特点。因此，对事物的定义过程，本身就是一种辏合显同过程。我们应该时常主动地、自觉地对一些事物进行定义尝试，通过这种技巧来提高自己的思维能力。

三是剩余法。这是一种间接的辏合方法。它的基本原理是：如果某一复合现象是由另一复合原因所引起的，那么，把其中确认有因果联系的部分减去，则剩下的部分也必然有因果联系。

天文学史上就曾用这种方法发现了新行星：

1846 年前，一些天文学家在观察天王星的运行轨道时，发现它的运行轨道和按照已知行星的引力计算出来的它应运行的轨道不同——发生了几个方面的偏离。

经过观察分析，知道其他几方面的偏离是由已知的其他几颗行星的引力所引起的，而另一方面的偏离则原因不明。这时天文学家就考虑到：既然天王星运行轨道的各种偏离是由相关行星的引力所引起的，现在又知其中的几方面偏离是由另几颗行星的引力所引起的，那么，剩下的一处偏离必然是由另一个未知的行星的引力所引起的。

后来，有些天文学家和数学家据此推算出了这个未知行星的位置。1846年按照这个推算的位置进行观察，果然发现了一颗新的行星，这就说海王星。

第三十七节 逻辑思维与共同知识的建立

爱因斯坦曾讲过他童年的一段往事：

爱因斯坦小时候不爱学习，成天跟着一帮朋友四处游玩，不论他妈妈怎么规劝，爱因斯坦只当耳边风，根本听不进去。这种情况发生转变是在爱因斯坦16岁那年。

一个秋天的上午，爱因斯坦提着鱼竿正要到河边钓鱼，爸爸把他拦住，接着给他讲了一个故事，这个故事改变了爱因斯坦的人生。

父亲对爱因斯坦说："昨天，我和隔壁的杰克大叔去给一个工厂清扫烟囱，那烟囱又高又大，要上去必须踩着里边的钢筋爬梯。杰克大叔在前面，我在后面，我们抓着扶手一阶一阶爬了上去。下来的时候也是这样，杰克大叔先下，我跟在后面。钻出烟囱后，我们发现一个奇怪的情况：杰克大叔一身上下都蹭满了黑灰，而我身上竟然干干净净的。"

父亲微笑着对儿子说："当时，我看着杰克大叔的样子，心想自己肯定和他一样脏，于是跑到旁边的河里使劲洗。可是杰克大叔呢，正好相反，他看见我身上干干净净的，还以为自己一样呢，于是随便洗了洗手，就上街去了。这下可好，街上的人以为他是一个疯子，望着他哈哈大笑。"

爱因斯坦听完忍不住大笑起来，父亲笑完了，郑重地说："别人无法做你的镜子，只有自己才能照出自己的真实面目。如果拿别人做镜子，白痴或许会以为自己是天才呢。"

父亲和杰克大叔都是通过对方来判断自己的状态，这是逻辑思维的简单运用，却由于逻辑推理的基础不成立（即“两个人的状态一样”不成立），而闹出了笑话。

“别拿别人做镜子”，这是爱因斯坦从父亲的话中得到的教诲。但是，在逻辑思维的世界里，我们难道真的不能把别人当自己的镜子吗？

在回答这个问题之前，我们先来看下面这个游戏：

假定在一个房间里有三个人，三个人的脸都很脏，但是他们只能看到别人而无法看到自己。这时，有一个美女走进来，委婉地告诉他们说：“你们三个人中至少有一个人的脸是脏的。”这句话说完以后，三个人各自看了一眼，没有反应。

美女又问了一句：“你们知道吗？”当他们再彼此打量第二眼的时候，突然意识到自己的脸是脏的，因而三张脸一下子都红了。为什么？

下面是这个游戏中各参与者逻辑思维的活动情况：当只有一张脸是脏的时候，一旦美女宣布至少有一张脏脸，那么脸脏的那个参与人看到两张干净的脸，他马上就会脸红。而且所有的参与人都知道，如果仅有一张脏脸，脸脏的那个人一定会脸红。

在美女第一次宣布时，三个人中没人脸红，那么每个人就知道至少有两张脏脸。如果只有两张脏脸，两个脏脸的人各自看到一张干净的脸，这两个脏脸的人就会脸红。而此时如果没有人脸红，那么所有人都知道三张脸都是脏的，因此在打量第二脸的时候所有人都会脸红。

这就是由逻辑思维衍生出的共同知识的作用。共同知识的概念最初是由逻辑学家李维斯提出的。对一个事件来说，如果所有当事人对该事件都有了解，并且所有当事人都知道其他当事人也知道这一事件，那么该事件就是共同知识。在上面这个游戏中，“三张脸都是脏的”这一事件就是共同知识。

假定一个人群由 A、B 两个人构成，A、B 均知道一件事实 f，f 是 A、B 各自的知识，而不是他们的共同知识。当 A、B 双方均知道对方知道 f，并且他们各自都知道对方知道自己知道 f，那么，f 就成了共同知识。

这其中运用了逻辑思维的分析方法，是获得决策信息的方式。但是它与一条线性的推理链不同，这是一个循环，即“假如我认为对方认为我认为……”也就是说，当“知道”变成一个可以循环绕动的车轱辘时，我们就说 f 成了 A、B 间的共同知识。因此，共同知识涉及一个群体对某个事实“知道”的结构。在上面的游戏中，美女的话所引起的唯一改变，是使一个所有参与人事先都知道的事实成为共同知识。

在生活中，没有一个人可以在行动之前得知对方的整个计划。在这种情况下，互动推理不是通过观察对方的策略进行的，而是必须通过看穿对手的策略才能展开。

要想做到这一点，单单假设自己处于对手的位置会怎么做还不够。即便你那样做了，你会发现，你的对手也在做同样的事情，即他也在假设自己处于你的位置会怎么做。每一个人不得不同时担任两个角色，一个是自己，一个是对手，从而找出双方的最佳行动方式。

第三十八节　运用逻辑思维提取和甄别信息

人类社会赖以生存、发展的三大基础，是物质、能量和信息。世界是由物质组成的，能量是一切物质运动的动力，信息是人类了解自然及人类社会的凭据。信息，就是人类的一切生存活动和自然存在所传达出来的信息和消息。信息的积累和传播是人类文明进步的基础。人类所有的知识、所有的故事都是信息。

信息的提取和甄别，是当今社会的一个关键的问题。如果在商海中搏击，就要学会信息的收集与甄别，掌握各方面的知识。当面临抉择的最后时刻，与其如赌徒般仅靠瞬息间的意念作出轻率的判断，倒不如及早掌握信息，以资料为依据，发挥正确的推理判断能力。

亚默尔肉类加工公司的老板菲利普·亚默尔每天都有看报纸的习惯，虽然生意繁忙，但他每天早上到了办公室，就会看秘书给他送来的当天的各种报刊。

初春的一个上午，他和往常一样坐在办公室里看报纸，一条不显眼的不过百字的消息引起了他的注意：墨西哥疑有瘟疫。

亚默尔的头脑中立刻展开了独特的推理：如果瘟疫出现在墨西哥，就会很快传到加州、得州，而美国肉类的主要供应基地是加州和得州，一旦这里发生瘟疫，全国的肉类供应就会立即紧张起来，肉价肯定也会飞涨。

他马上让人去墨西哥进行实地调查。几天后，调查人员回电报，证实了这一消息的准确性。

亚默尔放下电报，马上着手筹措资金大量收购加州和得州的生猪和肉牛，运到离加州和得州较远的东部饲养。两三个星期后，西部的几个州就出现了瘟疫。联邦政府立即下令严禁从这几个州外运食品。北美市场一下子肉类奇缺、价格暴涨。

亚默尔认为时机已经成熟，马上将囤积在东部的生猪和肉牛高价出售。仅仅 3 个月时间，他就获得了 900 万美元的利润。

亚墨尔重视信息，而且善于运用逻辑思维对接收到的信息进行提取和甄别。当他收到一则信息后，总会在头脑中进行一番推理，来判断该信息的真伪或根据该信息导出更多的未知信息，从而先人一步，争取主动。

伯纳德·巴鲁克是美国著名的实业家、政治家，在 30 岁出头的时候就成了百万富翁。1916 年，威尔逊总统任命他为国防委员会顾问以及原材料、矿物和金属管理委员会主席，以后又担任“军火工业委员会主席”。1946 年，巴鲁克担任了美国驻联合国原子能委员会的代表，并提出过著名的巴鲁克计划，即建立一个国际权威机构，以控制原子能的使用和检查所有的原子能设施。无论生前死后，巴鲁克都受到普遍的尊重。

在刚刚创业的时候，巴鲁克也是非常艰难的。但就是他所具有的那种对信息的敏感，加之合理的推理，使他一夜之间发了大财。

1898 年 7 月的一天晚上，28 岁的巴鲁克正和父母一起待在家里。忽然，广播里传来消息，美国海军在圣地亚哥消灭了西班牙舰队。

这一消息对常人来说只不过是一则普通的新闻，但巴鲁克却通过逻辑分析从中看到了商机。

美国海军消灭了西班牙舰队，这意味着美西战争即将结束，社会形势趋于稳定，那么，在商业领域的反映就是物价上扬。

这天正好是星期天，用不了多久便是星期一了。按照通常的惯例，美国的证券交易所在星期一都是关门的，但伦敦的交易所则照常营业。如果巴鲁克能赶在黎明前到达自己的办公室，那么就能发一笔大财。

那个时代，小汽车还没有问世，火车在夜间又停止运行，在常人看来，这已经是无计可施了，而巴鲁克却想出了一个绝妙的主意：他赶到火车站，租了一列专车。上天不负有心人，巴鲁克终于在黎明前赶到了自己的办公室，在其他投资者尚未“醒”来之前，他就做成了几笔大交易。他成功了！

信息是系统的组成部分，是物质和能量的形态、结构、属性和含义的表征，是人类认识客观的纽带。我们通过信息认识物质、认识能量、认识系统、认识周围世界。信息是这个时代的决定性力量。面对纷繁复杂的信息，加以有效提取和甄别，经过逻辑思维的加工，挖掘出信息背后的信息，这样，才能及时地抓住机遇，抓住财富。

第三十九节 辩证看待问题的对立统一法则

生活中，我们找不到两片完全相同的树叶，同样，也不存在绝对的对与错。所有的判断都是以一个参照物为标准的，参照物变化了，结论也就变化了。这使得事物本身存在着矛盾，而这个对立统一的法则，是唯物辩证法的最根本的法则。

王籍诗写道："蝉噪林愈静，鸟鸣山更幽。"诗人描写林静，不直接从"静"入手，而是从其反面"噪"下笔，用蝉的噪声反衬林之静；描写山幽，不直接从"幽"入手，而是从其反面"鸣"下笔，有鸟的鸣叫反衬山之幽。噪与静、鸣与幽形成鲜明的对比，又构成和谐的统一，意境高远，富含哲理。若用"寂静无声""了无人迹"等词语来描写林静山幽，则过于直白，毫无诗意可言。据说，北宋的王安石也很欣赏这句诗，但在《钟山绝句》中将"鸟鸣山更幽"改为"一鸟不鸣山更幽"，友人黄庭坚看后大笑不止，评说道："此点金成石之手也。"

臧克家诗写道："有的人活着，他已经死了；有的人死了，他还活着。"在常识看来，一个人要么死了，要么活着，两者必居其一。诗人的说法岂不是自相矛盾吗？如把生与死仅仅理解为肉体存在与否，毫无疑问两者是对立的。但是，在辩证法看来，一个人的存在既指肉体上的，也指精神上的；一个人的死亡既可是肉体意义上的，也可以是精神意义上的。从这两个意义上来说，生与死又具有统一性。在作者看来，一个人的肉体可以腐烂，但精神可以永存，虽死犹生；一个人虽然在肉体意义上存在，但却失去了精神支柱，如同行尸走肉，虽生犹死。诗人用通俗的语，道出了深刻的哲理，告诉人们应该怎样活着才有意义。

世界著名的寓言作家伊索，年轻时曾经当过奴隶。有一天他的主人要他准备最好的酒菜，来款待一些哲学家。当菜都端上来时，主人发现满桌都是各种动物的舌头，简直就是一桌舌头宴。客人们议论纷纷，气急败坏的主人将伊索叫了进来问道："我不是叫你准备一桌最好的菜吗？"

只见伊索谦恭有礼地回答："在座的贵客都是知识渊博的哲学家，需要靠着舌头来讲述他们高深的学问。对于他们来说，我实在想不出还有什么比舌头更好的东西了。"

哲学家们听了他的陈述都开怀大笑。第二天，主人又要伊索准备一桌最不好的菜，招待别的客人。宴会开始后，没想到端上来的还是一桌舌头，主人不禁火冒三丈，气冲冲地跑进厨房质问伊索："你昨天不是说舌头是最好的菜，怎么这会儿又变成了最不好的菜了？"

伊索镇静地回答："祸从口出，舌头会为我们带来不幸，所以它也是最不好的东西。"

一句话让主人哑口无言。

在不同的时间、不同的地点，对不同的对象，最好的可以变成最坏的，最坏的亦可变成最好的。这就是辩证的统一。

还有一个故事，可以让我们领会到应如何运用对立统一法则。

海湾战争之后，一种被称之为 M1A2 型坦克开始装备美军。这种坦克的防护装甲是当时世界上最坚固的，它可抵抗时速超过 4 500 千米，单位破坏力超过 13 500 千克的打击力量。那么，这种品质优异的防护装甲是如何研制成功的呢？

乔治·巴顿中校是美国陆军最优秀的坦克防护装甲专家之一。他接受研制 M1A2 型坦克装甲的任务后，立即拉来了一位"冤家"作为搭档——著名破坏力专家迈克·舒马茨工程师。两人各带一个研究小组开始工作。所不同的是，巴顿所带的研制小组负责研制防护装甲；舒马茨带的则是破坏小组，专门负责摧毁巴顿研制出来的防护装甲。

刚开始，舒马茨总是能轻而易举地把巴顿研制的坦克炸个稀巴烂。但随着时间的推移，巴顿一次次地更换材料，修改设计方案，终于有一天，舒马茨使尽浑身解数也未能破坏这种新式装甲。于是，世界上最坚固的坦克在这种近乎疯狂的破坏与反破坏试验后诞生了。巴顿与舒马茨也因此而同时荣膺了紫心勋章。

利用破坏与反破坏的矛盾关系制造坦克装甲的过程，也就是利用辩证思维中对立统一法则，巧妙处理事物的矛盾的过程。这也是在告诉我们，当事物的一个方面对我们不利时，可以考虑将它的两方面特性统一起来，使其互相补充、互相促进。

第四十节　真理和谬误只有一步之遥

西方有一则寓言。

“砰！砰！砰！”一个匆匆而过的路人急切地敲打着一扇神秘的门。

不久门开了。

“你找谁？”门里的人问。

“我找真理。”路人答。

“你找错了，我是谬误。”门里的人“砰”的一声把门关上了。

路人只好继续寻找。

他趟过了很多条河流，翻过了很多座高山，风餐露宿，历尽艰难，可就是迟迟找不到真理。后来，他想，既然真理和谬误是一对冤家，那说不定谬误知道真理在哪儿。

于是他重新找到谬误，谬误却说：“我也正要找真理呢。”说毕又关上了门。

路人不死心，继续寻找真理，他再一次跋山涉水，再一次风餐露宿，依然找不到真理。

于是，路人又敲开了谬误的门，可谬误仍给他一副冰冷的面孔。

就在路人近乎绝望地在谬误门口徘徊的时候，不断的敲门声吵醒了谬误的邻居。随着“吱呀”一声轻响，路人回头一看，天哪，这不正是真理吗？

原来，真理就住在谬误的隔壁。

培根说：“只要人接触到真理，就不能不被真理所征服。因为真理既是衡量谬误的尺度，又是衡量自身的尺度。”

寻找真理，就要摒弃谬误的干扰。谬误有时就体现在事物的矛盾之中，而我们常常陷于自己的种种设想而忽略矛盾，也就会一次次地靠近谬误而得不到真理。

我们知道自相矛盾的故事，讲的是有个楚国商人在市场上出卖自制的长矛和盾牌。他先把盾牌举起来，一面拍着一面吹嘘说：“我卖的盾牌，最牢最牢，再坚固不过了。不管对方使的长矛怎样锋利，也别想刺透我的盾牌！”停了一会儿，他又举起长矛向围观的人们夸耀：‘我做的长矛，最快最快，再锋利不过了。不管对方抵挡的盾牌怎样坚固，我的长矛一刺就透！”围观的人群中有人问道：“如果用你做的长矛来刺你的盾牌，是刺得透还是刺不透呢？”楚国商人涨红着脸，半天回答不上来。

楚国商人的错误就在于他的说法是互相矛盾的。我们在生活中应当善于找出事物中的矛盾，辨别什么东西是可行的，什么东西是不可行的，以利于对矛盾进行规避或加以利用。

日心说的创立即是哥白尼分析事物矛盾、摆脱谬误、寻求真理的过程。

在日心说诞生之前，由托勒密创建的地心说统治着西方人们的思想长达一千年之久。地心说认为地球是宇宙的中心，并认为天分九层，分别是：月球、水星、金星、太阳、火星、木星、土星、恒星与最高天，其中第九层是上帝的居所，这一说法迎合了宗教的观点，更成了不可冒犯的天条。

1473年2月19日，哥白尼诞生于波兰托伦城。10岁时，父亲去世，他便跟着舅父路加斯·瓦兹洛德生活。他的舅父是一位学识渊博的主教，哥白尼深受影响，爱上了天文学和数学。哥白尼18岁时，进入克拉科夫大学艺术系学习。他白天上课，夜间观测星星。后来，哥白尼又到意大利波伦亚大学攻读天文学。哥白尼成人以后，回到波兰，在弗伦堡天主教会当牧师。哥白尼在教会的一角，找到了一间小屋，建立了一个小小的观测台。他自己动手制造了四分仪、三角仪、测高仪等观测仪器。

哥白尼经过长期的观测，算出太阳的体积大约相当于161个地球（实际上比这个数字还大）。他想，这么一个庞然大物，会绕着地球旋转吗？他开始对流传了一千多年的托勒密的地心说产生了怀疑。

哥白尼天天观测着，计算着，于是他终于创立了以太阳为中心的日心说。

从1510年开始，哥白尼动手写作，整整花了20多年的时间，终于写成了6卷巨著——《天体运行论》。

哥白尼之所以有如此重大发现，主要是他善于思考和分析，在人们习以为常的谬误中寻找真理。

思考的过程，就是找出事物的矛盾的过程。真理常常与谬误相伴而生，揭示了谬误，意味着在奔向真理的道路上又前进了一步。对于我们而言，锻炼自己的辩证思维，就要善于找出和分析漏洞或破绽，从中发现真理。

第四十一节　在偶然性中发现必然性

太阳的东升西落，地球运行的轨道，潮起潮落，月亮的阴晴圆缺，春夏秋冬的更替，一切都有自身的规律。

任何事情的发生，都有其必然的原因。有因才有果。换句话说，当我们看到任何现象的时候，我们不要觉得不可理解或者奇怪，因为任何事情的发生都必有其原因。

格德纳是加拿大一家公司的普通职员。一天，他不小心碰翻了一个瓶子，瓶子里装的液体浸湿了桌上一份正待复印的重要文件。

格德纳很着急，心想这下可闯祸了，文件上的字可能看不清了。

他赶紧抓起文件来仔细察看，令他感到奇怪的是，文件上被液体浸染的部分，其字迹依然清晰可见。

当他拿去复印时，又一个意外情况出现了，复印出来的文件，被液体污染后很清晰的那部分，竟变成了一团黑斑，这又使他转喜为忧。

为了消除文件上的黑斑，他绞尽脑汁，但一筹莫展。

突然，格德纳的头脑中冒出一个针对“液体”与“黑斑”倒过来想的念头。自从复印机发明以来，人们不是为文件被盗印而大伤脑筋吗？为什么不以这种液体为基础，化其不利为有利，研制一种能防止盗印的特殊液体呢？

格德纳利用这种逆向思维，经过长时间的艰苦努力，最终把这种产品研制成功。但他最后推向市场的不是液体，而是一种深红的防影印纸，并且销路很好。

格德纳没有放过一次复印中的偶然事件，由字迹被液体浸染后变清晰，复印出的却是黑斑这一现象，联想到文件保密工作中的防止盗印，由此开发了防影印纸。不可不说他抓住了一个创新的良机。

衣物漂白剂的发明与此有异曲同工之妙，也是源于一次偶然的发现。

吉麦太太洗好衣服后，把拧干的洗涤物放到一边，疲倦地站起来伸伸腰。这时，吉麦先生下意识地挥了一下画笔，蓦地，蓝色颜料竟沾在了洗好的白衬衣上。

他太太一面嘀咕一面重洗。但雪白的衬衣因沾染蓝色颜料，任她怎么洗,仍然带有一点淡蓝色。她无可奈何地只好把它晒干。结果，这件沾染蓝颜料的白衬衣竟更鲜丽更洁白了。

“哦！这就奇怪啦！沾染颜料竟比以前更洁白了！”

“是呀！的确比以前更白了，奇怪！”他太太也感到惊异。

翌日，他故意像昨天一样，在洗好的衣服上沾染了蓝颜料，结果晒干的衬衣还是跟上次一样，显得异常明亮、雪白。第三天，他又试验了一次，结果仍然一样。

吉麦把那种颜料称为可使洗涤物洁白的药，并附上将这种药少量溶解在洗衣盆里洗涤的使用法，开始出售。普通新产品是不容易推销的，但也许是他具有广告的才能吧，吉麦的漂白剂竟出乎意料的畅销。凡是使用过的人，看着雪白得几乎发亮的洗涤物，无不啧啧称奇，赞许吉麦的漂白剂。

一经获得好评后，这种可使洗涤物洁白的药——蓝颜料和水的混合液，就更受家庭主妇的欢迎。

吉麦发明这种漂白剂出于偶然，由此可见，如果能抓住偶然发现的东西，也是一种发明或创造的方法。

事物是有规律的，偶然中蕴涵着必然，对生活中的偶然现象不能轻易放过，仔细观察、善于思考，也许你会从中获得一些意外的发现。

其实，看似不变的事物正在发生着变化，只是一时间没有觉察到而已。

一只鲷鱼和一只蝾螺在海中，蝾螺有着坚硬无比的外壳，鲷鱼在一旁赞叹着说："蝾螺啊！你真是了不起呀！一身坚硬的外壳一定没人伤得了你。"

蝾螺也觉得鲷鱼所言甚是，正扬扬得意的时候，突然发现敌人来了，鲷鱼说："你有坚硬的外壳，我没有，我只能用眼睛看个清楚，确知危险从哪个方向来，然后，决定要怎么逃走。"说完，鲷鱼便"咻"的一声游走了。

此刻，蝾螺心里想：我有这么一身坚固的防卫系统，没人伤得了我！便关上大门，等待危险的过去。

蝾螺等呀等，等了好长一段时间，心里想：危险应该已经过去了吧！

当它把头冒出来透气时，不禁扯破了喉咙大叫："救命呀！救命呀！"

原来，此时它正在水族箱里，面对的是大街，而水族箱上贴着的是：蝾螺 ×× 元一斤。

故事中的蝾螺认为封闭自己就可以躲避危险，却落得了成为盘中餐的悲惨结局。

这个故事也在告诉我们，我们生活在一个瞬息万变的世界里，唯一不变的东西是变化本身，所以我们要做的并不是将自己与外界隔绝，而是应积极地改变自己，辩证地看待问题，以适应变化的环境。有时，面对外界的变化，我们唯有做出改变，才能更加接近成功。

宇宙是运动着的，地球也在不停地运动，世界上千万事物每刻都在发生变化，人在变、物在变，我们周边的生活环境也在变。相应的，我们也要用变化的眼光、灵活的头脑、运动的心态，看待、分析、思索身边的万事万物。无论世界多么变幻无常，只要你能从中把握自己，肯定会处理得明明白白。

第四十二节　辩证地对待困境与坎坷

拿破仑·希尔关于心态说过这样一段话："人与人之间只有很小的差异，但是这种很小的差异却造成了巨大的差异。很小的差异就是所具备的心态是积极的还是消极的，巨大的差异就是成功和失败。"当我们有不满时，不要只顾发泄情绪，要认识到这是改造现状、开发新天地的大好契机。化不满为创新，成功女神就会青睐于我们。

积极的心态有助于人们克服困难，使人看到希望，保持进取的旺盛斗志。消极心态使人沮丧、失望，对生活和人生充满了抱怨，自我封闭，限制和扼杀自己的潜能。

法国科学家巴斯德曾说："意志、工作、等待，是我辞典里最重要的三个词，我将在这三块基石上，建立我成功的金字塔。"

一个人要想取得成功，首先应该像巴斯德一样，培养一种积极进取的心态。

每个人身上都散发着一种自然的活力，这是生命中的隐性元素，其中蕴涵着人们无法预料的巨大潜能，而开发这些潜能的唯一钥匙，就是拥有积极的心态。

贝尔·艾伦是美国联合保险公司业务部的一名普通员工，但是他并不满足于现状，他一心想成为公司里最优秀的推销员。偶然的一次机会，他在一本杂志上读到一篇《化不满为灵感》的文章，这使他深受启发，积极的心态是实现梦想的助推器，如果将这一观念运用到工作中，对于实现自己的梦想一定会大有帮助，艾伦在心里默想。

一年冬天，艾伦的工作遭遇了西伯利亚寒流，却也恰恰为他实践自己的想法提供了契机。

在大雪纷飞的傍晚，艾伦垂头丧气地回到家，连吃饭的心情都没有，显然今天的工作十分糟糕，他沿着威斯康星市区挨家挨户拜访，但是全部吃了闭门羹，想到这里，他的工作热情一度降到了冰点。

此时，突然有个念头闪过脑际，他又想起了那篇文章——《化不满为灵感》，于是兴冲冲地翻出来，认真地重温一遍，他感觉自己浑身又充满了力量："我明天一定还要试一试！"

第二天，遇到公司其他与其遭遇相同的同事，交流之后，他们个个垂头丧气，像霜打的茄子，只有艾伦依旧精神饱满地报告昨天的工作进度，并在结束时说："没关系，今天我还会去拜访昨天那些客户，并且今天我一定会成为公司业绩最好的员工。"

也许是幸运之神听到了他的呼唤，也许是那些客户被他的诚心打动了，总之他实现了自己的愿望，当天一共签下了66份新的意外保险单。当天晚上，他怀着无比激动的心情，在日记本上写下了自己成功的秘诀——保持积极的心态。

积极的心态，使艾伦跨越了失败的羁绊，重新燃起了希望，在工作低谷中创造了辉煌。

其实这是所有成功者成功的秘诀，他们常说："采取积极的行动，才能化危机为转机。拥有积极的心态，才能看准机会点。"

一个人的成败很大程度上取决于他的心态。一个积极乐观的人，即使在破屋偏逢连夜雨的时候，依旧会和着雨滴的拍子哼起歌谣。他们认为接踵而至的磨难只是上天对自己的考验而已，风雨之后一定会看到彩虹。

任何问题都会有积极的一面，都包含着创造辉煌的机会。

无论在工作还是生活中，难免出现一些不如意的事，如果没有一个良好的心态，就很难应对，很多人在遇到这种情况后，会急急忙忙把事情推给别人，其实他在拒绝困难的同时，也将机遇一并拒绝在了门外。相反如果能够冷静地思考，积极分析问题产生的各种因素，并对其做一定的前瞻性预测，尽量使事情沿着好的方向发展，或许这就是一个成就事业的机会。机遇一向喜欢与困难结伴而行。

位于新泽西州佩特森市的机械服务公司，因为法森奈尔公司不能及时供货，致使不锈钢U型螺栓出现了短缺，影响了公司的整体工作进度。但是法森奈尔公司的员工基思·格里夫斯却认为这是一个好消息，给了他一次崭露头角的好机会。

基思·格里夫斯在接到消息的第二天凌晨两点开始行动。他驱车前往位于宾夕法尼亚州斯克兰顿市的轮轴中心，采购了大量急需的不锈钢U型螺栓，这对于翘首以待的客户来讲无异于雪中送炭，后来这一消息不胫而走，生意纷纷找上门来，而这家机械公司也成了法森奈尔公司的铁杆客户。

在困难面前临危不惧，并能够将困难化为发展机遇，是一种能力，一种智慧，也是怀有积极心态的结果。

无独有偶，新西兰的一个政府机构需要印刷大量的宣传手册，不料在宣传手册发行全国各地后，突然有人发现，手册上的政府免费电话号码是错的，结果错误号码的所有者——克利尔通讯公司，遭到了公众电话的狂轰滥炸，在大家为此叫苦时，该公司的一名员工灵机一动，想到一条妙计，起到了化腐朽为神奇的效果。他打电话给该政府机构，说服政府将错就错，把手册卖给自己，于是接连不断的电话骚扰变成了源源不断的商机。不仅解决了政府的难题，而且也将别人的失误变成了机遇，这就是智慧的力量。

地处佛蒙特州伯灵顿市的莱诺食品公司，是一家专门为本·杰瑞斯公司供应制作巧克力甜酥饼原料的公司。前几年，因为业务量下降，公司利润锐减，于是有25%的员工被列入裁员计划。面对公司裁员，员工们没有抱怨，而是自发组织起来，积极想办法扭转局面，最后大家达成协议，召集员工志愿到那些需要临时帮忙的本地公司去打工,从中领取相应薪金。公司会保留他们的工作资历及福利待遇，并为这些在临时工作岗位上工资较低的员工弥补差额，这样就没有人再被解雇了。该公司人力资源部主管在接受采访时说：“员工的这一举动，在一个可能发生灾难性后果的时刻，真正起了作用。它将公司所有的成员凝聚成了一个坚强的团队。”

人生之路，充满荆棘与坎坷，当然也有苦尽甘来的成功与喜悦。积极的心态创造人生，消极的心态消耗人生。积极的心态是成功的，是生命的阳光和雨露；消极的心态是失败的源泉，使人受制于自我设置的某种阴影。选择了积极的心态，就等于选择了成功的希望；选择消极的心态，就注定要走入失败的沼泽。如果你想成功，就必须善于辩证地对待困境与坎坷，在不满中起步，是我们应该培养的一种正确的人生思维。

第四十三节　世间苦难未必都是坏事

用辩证的思维来看，苦难是一柄双刃剑，它能让强者更强，练就出色而几近完美的人格，它也能够将弱者一剑刺伤，从此倒下。

曾有这样一个农民，他做过木匠，干过泥瓦工，收过破烂，卖过煤球，在感情上受到过致命的欺骗，还打过一场3年之久的麻烦官司。他曾经独自闯荡在一个又一个城市里，做着各种各样的活计，居无定所，四处漂泊，生活上也没有任何保障。看起来仍然像一个农民，但是他与乡里的农民有些不同，他虽然也日出而作，但是不日落而息——他热爱文学，写下了许多清澈纯净的诗歌。每每读到他的诗歌，都让人们为之感动，同时为之惊叹。

“你这么复杂的经历怎么会写出这么纯净的作品呢？”他的一个朋友这么问他，“有时候我读你的作品总有一种感觉，觉得只有初恋的人才能写得出。”

“那你认为我该写出什么样的作品呢？《罪与罚》吗？”他笑。

“起码应当比这些作品更沉重和黯淡些。”

他笑了，说：“我是在农村长大的，农村家家都储粪种庄稼。小时候，每当碰到别人往地里送粪时，我都会掩鼻而过。那时我觉得很奇怪，这么臭这么脏的东西，怎么就能使庄稼长得更壮实呢？后来，经历了这么多事，我却发现自己并没有学坏，也没有堕落，甚至连麻木也没有，就完全明白了粪和庄稼的关系。粪便是脏臭的，如果你把它一直储在粪池里，它就会一直这么脏臭下去。但是一旦它遇到土地，它就和深厚的土地结合，就成了一种有益的肥料。对于一个人，苦难也是这样。如果把苦难只视为苦难，那它真的就只是苦难。但是如果你让它与你精神世界里最广阔的那片土地去结合，它就会成为一种宝贵的营养，让你在苦难中如凤凰涅槃，体会到特别的甘甜和美好。”

土地转化了粪便的性质，人的心灵则可以转化苦难的流向。在这转化中，每一次沧桑都成了他唇间的美酒，每一道沟坎都成了他诗句的源泉。他文字里那些明亮的妩媚原来是那么深情、隽永，因为其间的一笔一画都是他踏破苦难的履痕。

苦难是把双刃剑，它会割伤你，但也会帮助你。

帕格尼尼，意大利著名小提琴家。他是一位在苦难的琴弦下把生命之歌演奏到极致的人。

4岁时经历了一场麻疹和强直性昏厥症，7岁患上严重肺炎，只得大量放血治疗。46岁因牙床长满脓疮，拔掉了大部分牙齿，其后又染上了可怕的眼疾。50岁后，关节炎、喉癌、肠道炎等疾病折磨着他的身体与心灵，后来声带也坏了。他仅活到57岁，就口吐鲜血而亡。

身体的创伤不仅仅是他苦难的全部。他从13岁起，就在世界各地过着流浪的生活。他曾一度将自己禁闭，每天疯狂地练琴，几乎忘记了饥饿和死亡。

像这样的一个人，这样一个悲惨的生命，却在琴弦上奏出了最美妙的音符。3岁学琴，12岁举办首场个人音乐会。他令无数人陶醉，令无数人疯狂。

乐评家称他是“操琴弓的魔术师”。歌德评价他：“在琴弦上展现了火一样的灵魂。”李斯特大喊：“天哪，在这四根琴弦中包含着多少苦难、痛苦与受到残害的生灵啊！”苦难净化心灵，悲剧使人崇高。也许上帝成就天才的方式，就是让他在苦难这所大学中进修。

弥尔顿、贝多芬、帕格尼尼，世界文艺史上的三大怪杰，最后一个成了瞎子，一个成了聋子，一个成了哑巴。这就是最好的例证。

苦难，在这些不屈的人面前，会化为一种礼物，一种人格上的成熟与伟岸，一种意志上的顽强和坚韧，一种对人生和生活的深刻认识。然而，对更多人来说，苦难是噩梦，是灾难，甚至是毁灭性的打击。

其实对于每一个人，苦难都可以成为礼物或是灾难。我们无需祈求上帝保佑，菩萨显灵。选择权就在我们自己手里。一个人的尊严，就是不轻易被苦难压倒，不轻易因苦难放弃希望，不轻易让苦难磨灭自己蓬勃向上的心灵。

用我们的坚韧和不屈，把灾难般的苦难变成人生的礼券。

第四十四节　强与弱是可以互相转化的

真实的生活无处不存在着辩证法，它不会有绝对的好，也不会有绝对的坏。在此处的好到了彼处也许就变成了坏，同理，此处的坏到了彼处也许可以演化为好。就如我们的优势，在特定的环境中可以发挥得淋漓尽致，而脱离了这片土壤，也许会成为前进的绊脚石。

靠近边塞的地方，住着一位老翁。老翁精通术数，善于占卜。有一次，老翁家的一匹马，无缘无故挣脱缰绳，跑入胡人居住的地方去了。邻居都来安慰他，他心中有数，平静地说：“这件事难道不是福吗？”

几个月后，那匹丢失的马突然又跑回家来了，还领着一匹胡人的骏马一起回来。邻居们得知，都前来向他家表示祝贺。

老翁无动于衷，坦然道：“这样的事，难道不是祸吗？”

老翁的儿子生性好武，喜欢骑术。有一天，他儿子骑着胡人的骏马到野外练习骑射，烈马脱缰，他儿子摔断了大腿，成了终生残疾。邻居们听说后，纷纷前来慰问。老翁不动声色，淡然道：“这件事难道不是福吗？”

又过了一年，胡人侵犯边境，大举入塞。四乡八邻的精壮男子都被征召入伍，拿起武器去参战，死伤不可胜计。靠近边塞的居民，十室九空，在战争中丧生。唯独老翁的儿子因残疾没有去打仗，因而父子得以保全性命，安度残年余生。

老翁能够如此淡然地看待得与失，在于他一直在辩证地看问题，将辩证思维恰如其分地运用到了生活当中。

一个强盗正在追赶一个商人，商人逃进了山洞里。山洞极深也极黑，强盗追了上去，抓住了商人，抢了他的钱，还有他随身带的火把。山洞如同一座地下迷宫，强盗庆幸自己有一个火把。他借着火把的光在洞中行走，他能看清脚下的石头，能看清周围的石壁。因此他不会碰壁，也不会被石头碰倒。但是，他走来走去就是走不出山洞。最终，他筋疲力尽后死去。

商人失去了一切，他在黑暗中摸索行走，十分艰辛。他不时碰壁，不时被石头绊倒。但是，正因为他置身于一片黑暗中，他的眼睛能敏锐地发现洞口透进的微光，他迎着这一缕微光爬行，最终逃离了山洞。

世间本没有绝对的强与弱，这与环境的优劣、际遇的好坏等都是息息相关的。就像强盗因光亮而死去，商人因黑暗而得以存活，不正是辩证的恰当诠释吗？

我们总喜欢追求完美，认为完美才能得到快乐和幸福，稍有缺憾，便想方设法去弥补，殊不知残缺也是一种美。

从前，有一个国王，他有7个女儿，这7位美丽的公主是国王的骄傲。她们都拥有一头乌黑亮丽的头发，所以国王送给她们每人100个漂亮的发卡。

有一天早上，大公主醒来，一如往常地用发卡整理她的秀发，却发现少了一个发卡。于是她偷偷地到了二公主的房里，拿走了一个发卡；二公主发现少了一个发卡，便到三公主房里拿走一个发卡；三公主发现少了一个发卡，也偷偷地拿走四公主的一个发卡；四公主如法炮制拿走了五公主的发卡；五公主一样拿走了六公主的发卡；

六公主只好拿走七公主的发卡。

于是，七公主的发卡只剩下99个。

隔天，邻国英俊的王子忽然来到皇宫，他对国王说："昨天我的百灵鸟叼回了一个发卡，我想这一定是属于公主们的，这真是一种奇妙的缘分，不晓得是哪位公主掉了发卡？"

公主们听到这件事，都在心里说："是我掉的，是我掉的。"可是头上明明完整地别着100个发卡，所以心里都懊恼得很，却说不出。只有七公主走出来说："我掉了一个发卡。"话才说完，一头漂亮的长发因为少了一个发卡，全部披散下来，王子不由得看呆了。

故事的结局，自然是王子与七公主从此一起过着幸福快乐的日子。

生活中我们总为失去的东西而懊恼，而悔恨，但是，用辩证思维来思量一番，就会发现，一时的失去也许会换得长久的拥有，一丝的缺憾也许会得到更美好的生活。世间万事万物无不如此。

第四十五节　机会往往和困境连在一起

假如你遭遇人生变故，全部财产只有一个又酸又涩的柠檬，你会怎样做？

有的人自暴自弃地说：“我垮了。这就是我的命运，我连一点机会也没有了。”然后他就开始诅咒这个世界这么不公平，他只能让自己沉溺在自怜之中。当然他面临的也只能是失败了。

而善于运用辩证思维的人则会说：“从这件不幸的事情中，我可以学到什么呢？我怎样才能改善我的境遇，怎样才能把这个柠檬做成一杯柠檬水？”因为他们知道事物之间的特性是可以转化的。

有一位住在佛罗里达州的农夫，甚至把一个“毒柠檬”做成了柠檬水。当时他在那里买下了一片农场，可是他买的那块地糟糕得既不能种水果，也不能做牧场，能生长的只有白杨树和响尾蛇。那时候，他觉得非常颓丧，但是他并没有就此放弃。最后他想到了一个好主意，就是把他所拥有的那一切变成一种资产。他要利用那些响尾蛇。他的做法使每一个人都很吃惊，他开始想办法加工那些响尾蛇，最后把它们做成蛇肉罐头。

另外他从全国各地引来了各种各样的白杨树种，然后吸引大批游客来参观他的响尾蛇农场和白杨林。他的生意越做越大，最后竟然以他的农场为中心形成了一个小小的开发区。为了纪念他把有“毒”的柠檬做成了甜美的柠檬水，这个村子现在已改名为佛州响尾蛇村。

每一样东西都有它的价值，都可以开发出相应的卖点。即使给你一个“毒柠檬”，也要想办法把它做成一杯柠檬水。

伟大的心理学家阿佛瑞德·安德尔花了一辈子的时间来研究人类所隐藏的保留能力之后，他说，人类最奇妙的特性之一，就是把负的力量变成正的力量。有一次，世界最有名的小提琴演奏家欧利·布尔在法国巴黎举行一场音乐会。演奏时，小提琴上的A弦突然断了。欧利·布尔就用另外的那三根弦演奏完了那支曲子。“这就是生活，如果你的A弦断了，就在其他三根弦上把曲子演奏完。”

如果我们能够做到，请把这句话写下来，挂在你的床头：生命中最重要的，就是不要把你的收入拿来算做资本，要从你的损失里获利，这就需要才智。

所以，我们要培养能够带给你平安和快乐的心理，“当命运交给我们一个柠檬的时候，我们就试着去把它做成一杯柠檬水”。换个角度看世界，你也许就能够把不幸变为幸福。

有一个年轻人中学毕业后没有考上大学，他感到心灰意冷，为了糊口，只好去了一个理发店学理发。没干多久，他就觉得理发没有出息，后来又去当兵，几年后复员回家，还是找不到像样的工作，只好回到理发店理发。他觉得命运对他的安排就是理发，既然这样，就把理发这件事做好，于是，他调整了自己的心态，爱上了这一工作，并立志要成为最优秀的理发师。几年之后，他真的成功了，并拥有了自己的理发店。

这位年轻人从不喜欢这一工作到喜欢这一工作，从觉得没出息到做得有出息，全在于及时进行心态的自我调整。

如果他永远抱着以前的想法，不及时自我调整，那么他的人生就永远是失败。

虽然人人都知道行行出状元这句老话，但是到了自己头上却难以接受现实。许多人失去工作后，宁可在家闲着，坚守贫困，也不愿去干那些所谓下贱的工作，这都是不能及时自我调整的表现。

人生需要不断进行自我角色转换，因为社会生活在不断发生变化。今天你可能在某个位置，明天也许就没有了。如果想不开，就只能是人生悲剧。运用辩证思维，及时转换，就能化劣势为优势，就能柳暗花明又一村。

当身处劣势时，人们大多会有两种不同的表现。有的人一味抱怨，抱怨自己生不逢时，有才华却毫无用武之地，抱怨天公不作美，陷自己于困顿之中；另外一部分人会告诉你，按照辩证思维来思考，并不存在绝对的劣势，如果身处劣势，则会积极主动地寻找方法将它转化为优势。

下面这个故事中的小男孩就是将辩证思维巧妙地运用到了自己的生活中，并将自己所处的劣势转化成了优势。

有一个男孩在报上看到应征启事，正好是适合他的工作。第二天早上，当他准时前往应征地点时，发现应征队伍中已有20个男孩在排队。

男孩意识到自己已处于劣势了。如果在他前面有一个人能够打动老板，他就没有希望得到这份工作了。他认为自己应该动动脑筋，运用自身的智慧想办法解决困难。他不往消极面思考，而是认真用脑子去想，看看是否有办法解决。

他拿出一张纸，写了几行字，然后走出行列，并要求后面的男孩为他保留位子。他走到负责招聘的女秘书面前，很有礼貌地说：“小姐，请你把这张纸交给老板，这件事很重要。谢谢你。”

若在平时，秘书会很自然地回绝这个请求。但是今天她没有这么做。因为她已经观察这些男孩有一阵子了，他们有的表现出心浮气躁，有的则冷漠高傲。而这个男孩一直神情愉悦，态度温和，礼貌有加，给她留下了深刻的印象。于是，她决定帮助他，便将纸条交给了老板。

老板打开纸条，见上面写着这样一句话：

“先生，我是排在第21号的男孩。在见到我之前请您不要作出决定，好吗？”

最后的结果可想而知，任何一位老板都会喜欢这种在遇到困难时开动脑筋，积极寻找解决办法的员工的。他已经有能力在短时间内抓住问题的核心，想办法转变自己的劣势，然后全力解决它，并尽力做好。这样的聪明员工，老板怎么会不用呢？

李嘉诚先生的成功经历中，有许多也都是在劣势中寻找方法，甚至逆潮流而上，最终将劣势转化为优势。

1966 年底，低迷了近两年的香港房地产业开始复苏。

但就在此时，内地的“文化大革命”开始波及香港。1967 年，北京发生火烧英国代办处事件，香港掀起五月风暴。

“中共即将武力收复香港”的谣言四起，香港人心惶惶，触发了自第二次世界大战后的第一次大移民潮。

移民者自然以有钱人居多，他们纷纷贱价抛售物业。自然，新落成的楼宇无人问津，整个房地产市场卖多买少，有价无市。地产商、建筑商焦头烂额，一筹莫展。

李嘉诚在此次事件中显然也受到了重大影响。但他一直在关注、观察时势，经过深思熟虑，他毅然采取惊人之举：人弃我取，趁低吸纳。

李嘉诚在整个大势中逆流而行。

从宏观上看，他坚信世间事乱极则治、否极泰来。

就具体状况而言，他相信中国政府不会以武力收复香港。实际上道理很简单，若要收复，1949 年就可以收复，何必等到现在？当年保留香港，是考虑保留一条对外贸易的通道，现在的国际形势和香港的特殊地位并没有改变，因此，中国政府收复香港的可能性不大。

正是基于这样的分析，李嘉诚作出“人弃我取，趁低吸纳”的历史性战略决策，并且将此看做是千载难逢的拓展良机。

于是，在整个行市都在抛售的时候，李嘉诚不动声色地大量收购。

李嘉诚将买下的旧房翻新出租，又利用地产低潮建筑费低廉的良机，在地盘上兴建物业。李嘉诚的行为需要卓越的胆识和气魄。不少朋友为他的“冒险”捏了一把汗，同业的地产商都在等着看他的笑话。

这场战后最大的地产危机，一直延续到1969年。

1970年，香港百业复兴，地产市场转旺。这时，李嘉诚已经聚积了大量的收租物业。从最初的11 000平方米，发展到32 000多平方米，每年的租金收入达390万港元。

李嘉诚成为这场地产大灾难的大赢家，并为他日后成为地产巨头奠定了基石。他在困境中逆流而上，勇于化劣势为优势的胆识与气魄也着实令人钦佩。

人生中，机会往往和困境是连在一起的，它们之间是辩证统一的关系。因此，虽然每个人都希望求取势能，但只有那些勇于开拓思路、积极寻找方法，谋得有利于发展的资源的人，才能成就大业。

第四十六节　拓宽思路才能创造新点子

我们常说“机遇只偏爱有准备的头脑”，何谓有准备呢？

过去，有准备指的是知识储备，但在以创新制胜的今天，光有知识储备是远远不够的，还需要创新思维与创新能力。运用创新思维产生了好的创意，就能够比别人更好地把握住机会，甚至可以创造机会，走向成功。

所谓创意，就是拓宽思路，不断创造新点子，想人之所未想，为人之所不能为，从而以新、以奇取胜，用常规思维逻辑之外的想法赢得成功和收获。

下面这个故事的主人翁就是利用独特的创意在竞争中赢得机会的。

有家大型广告公司招聘高级广告设计师，面试的题目是要求每个应聘者在一张白纸上设计出一个自己认为是最好的方案，没有主题和内容的限制，然后把自己的方案扔到窗外。谁的方案最先设计完成，并且第一个被路人捡起来看，谁就会被录用。

设计师们开始了忙碌的工作，他们绞尽脑汁地描绘着精美的图案，甚至有的人费尽心思画出诱人的裸体美女。

就在其他人正手忙脚乱的时候，只有一个设计师非常迅速、非常从容地把自己的方案扔到了窗外，并引起路人的哄抢。

他的方案是什么呢？原来，他只是在那张白纸上贴上了一张面值100美元的钞票，其他的什么也没画。就在其他人还疲于奔命的时候，他就已经稳坐钓鱼台了。

再看下面的例子。

彼得和查理一起进入一家快餐店，当上了服务员。他俩的年龄一般大，也拿着同样的薪水，可是工作时间不长，彼得就得到老板的嘉奖，很快加了薪，而查理仍然在原地踏步。面对查理和周围人的牢骚与不解，老板让他们站在一旁，看看彼得是如何完成服务工作的。

在冷饮柜台前，顾客走过来要一杯麦乳混合饮料。

彼得微笑着对顾客说："先生，您愿意在饮料中加入一个还是两个鸡蛋呢？"

顾客说："哦，一个就够了。"

这样快餐店就多卖出一个鸡蛋，在麦乳饮料中加一个鸡蛋通常是要额外收钱的。

看完彼得的工作后，经理说道："据我观察，我们大多数服务员是这样提问的：'先生，您愿意在您的饮料中加一个鸡蛋吗？'而这时顾客的回答通常是：'哦，不，谢谢。'对于一个能够在工作中积极主动地发现问题、带着创意工作的员工，我没有理由不给他加薪。"

运用创新思维，可以克服工作中的困难，提升工作效率，为企业实现最大化的经济效益；同时，也为自己提供了更为广阔的发展空间，为实现自己的人生规划扣上了重要的一环。

世界很多知名企业都很尊重与欣赏员工的创意，并且设置了价值丰厚的奖励。3M公司就是其中一家。3M公司鼓励每一个员工都要具备这样一些品质：坚持不懈、从失败中学习、好奇心、耐心、个人主观能动性、合作小组、发挥好主意的威力等。

西门子公司也构建了一种遵循无边界的原则创新体系。西门子的创新体系不仅仅局限于研发部门。对内，西门子公司通过一个"3i计划"来收集所有部门员工的创新建议，并为提出建议的员工颁发了奖金。

三个"i"字母分别来自三个单词：点子（ideas）、激情（impulses）、积极性（initiatives）。"3i计划"的目标是让每个员工不断挖掘自身的潜能。那么，它的成效如何呢？西门子的每个财政年度，员工提出的金点子超过10万个，当中有85%得到采纳并得到嘉奖。同时，提供金点子的员工们也能为此得到总价值高达2 000万欧元的红利奖金，获最高奖的员工分别得到十几万欧元的奖金。

西门子在德国的一个工厂工作的三位普通工人提出了把电子元件安装到印刷电路板上的新方法，从而降低了由操作造成的产品不良率，立即为公司降低了12.3万欧元的成本。这三位员工也因此分别获得了两万欧元的奖金。

美国著名的企业家哈默说："天下没有坏买卖，只有蹩脚的买卖人。"在工作中能够创造多少价值，就看能够融入多少智慧，在工作中加入创新思维，也许可以产生意想不到的价值。

创新思维就是有这样非凡的作用与威力，创新思维的巧妙运用可以产生绝妙的创意。许多企业就是凭一个好的创意发达的，许多人就是靠奇妙的创意致富的。好的创意不仅能创造财富，更是财富的化身。也有人专门靠创意来赚钱，这就是大家耳熟能详的点子公司或咨询公司。

曾经有一位专家设计过这样一个游戏：

十几个学员平均分为两队，要把放在地上的两串钥匙捡起来，从队首传到队尾。规则是必须按照顺序，并使钥匙接触到每个人的手。

比赛开始并计时。两队的第一反应都是按专家做过的示范：捡起一串，传递完毕，再传另一串，结果都用了15秒左右。

专家提示道："再想想，时间还可以再缩短。"

其中一队似乎"悟"到了，把两串钥匙拴在一起同时传，这次只用了5秒。

专家说："时间还可以再减半，你们再好好想想。"

"怎么可能？"学员们面面相觑，左右四顾，不太相信。

这时，场外突然有一个声音提醒道："只是要求按顺序从手上经过，不一定非得传啊！"

另一队恍然大悟，他们完全抛开了传递方式，每个人都伸出一只手扣成圆桶状，摞在一起，形成一个通道，让钥匙像自由落体一样从上落下来，既按照了顺序，同时也接触了每个人的手，所花的时间仅仅是0.5秒。

美国心理学家邓克尔通过研究发现，人们的心理活动常常会受到一种所谓心理固着效果的束缚，即我们的头脑在筛选信息、分析问题、作出决策的时候，总是自觉或不自觉地沿着以前所熟悉的方向和路径进行思考，而不善于另辟新路。

这种熟悉的方向和路径就是思维的定式。人一旦陷入思维的定式，他的潜能便被抹杀了，离创新之路也就越来越远了。下面这个小实验也许可以说明这一点。

有一只长方形的容器，里面装了5千克的水。如何想个最简单的办法，让容器里的水去掉一半，使之剩下2.5千克。

有人说，把水冻成冰，切去一半；还有人说，用另一容器量出一半。但是最简便的方法，是把容器倾斜成一定的角度。相当于将一块长方形木块，从对角线锯成两块。如果是固体，人们很自然会从这方面去想；如果是液体，就要靠思维去分析。

这个例子说明，看问题既要看到事物的这一面，又要想到事物的另一面；平面可以看成立体，液体可以想象成固体，反之亦然。它属于平面几何学的范畴。平面几何学成功地把三维中的一些问题抽象成了二维，使许多问题得以简化；而在生活中，应避免将三维简化为二维的思维定式。

在荒无人烟的河边停着一只小船，这只小船只能容纳一个人。有两个人同时来到河边，两个人都乘这只船过了河。请问，他们是怎样过河的？很简单，两人是分别处在河的两岸，先是一个渡过河来，然后另一个渡过去。

对于这道题，有些人大概绞尽了脑汁。的确，小船只能坐一人，如果他们是处在同一河岸，对面又没有人，他们无论如何也不能都渡过去。当然，你可能也设想了许多方法，如一个人先过去，然后再用什么方法让小船空着回来等。但你为什么始终要想到这两个人是在同一个岸边呢？题目本身并没有这样的意思呀！看来，你还是从习惯出发，从而形成了思维栓塞。

思维定式是人们从事某项活动的一种预先准备的心理状态，它能够影响后续活动的趋势、程度和方式。构成思维定式的因素：一是有目的地注意。猎人能够在一位旅游者毫无察觉的情况下，发现潜伏在草丛中的野兽，就是定式的作用。二是刚刚发生的感知经验。在人多次感知两个重量不相等的钢球后，对两个重量相等的钢球也会感知为不相等。三是认知的固定倾向。如果给你看两张照片，一张照片上的人英俊、文雅，另一照片上的人凶恶、丑陋，然后对你说，这两人中有一个是全国通缉的罪犯，要你指出谁是罪犯，你大概不会犹豫吧！

先前形成的经验、习惯、知识等都会使人们形成认知的固定倾向，影响后来的分析、判断，形成思维栓塞——即思维总是摆脱不了已有框框的束缚，从而表现出消极的思维定式。

对于创新思维的培养来说，思维的定式是比较可怕的，创新思维的缺乏也往往是由于自我设限造成的，随着时间的推移，我们所看到的、听到的、感受到的、亲身经历的各种现象和事件，一个个都进入我们的头脑中而构成了思维模式。这种模式一方面指引我们快速而有效地应对处理日常生活中的各种小问题，然而另一方面，它却无法摆脱时间和空间所造成的局限性，让人难以走出那无形的边框，而始终在这个模式的范围内打转转。

要想培养创新思维，必须打破这种心理固着效果，勇敢地冲破传统的看事物、想问题的模式，拓宽思路，从全新的思路来考察和分析面对的问题，进而才有可能产生大的突破。

创新思维会陪伴人的一生，随时都会有很多好的创意产生，关键是要认识到它的价值，抓住机会，让创意付诸实践，成为财富增长的源泉。不要放弃任何一个好的创意，好的创意就是取得财富的机会。如果你具有这种能力，就应该把握生活与工作的最佳时机，用创新思维、用创意为自己开辟一片崭新的天地。

第四十七节　拆掉头脑中的霍布森之门

何谓霍布森之门？这源于一个霍布森选择的故事。关于霍布森选择的故事版本有很多，这里讲述比较通用的一个版本。

1631年，英国剑桥有一个名叫霍布森的马匹生意商人，对前来买马的人承诺：只要给一个低廉的价格，就可以在他的马匹中随意挑选，但他附加了一个条件：只允许挑选能牵出圈门的那匹马。

这显然是一个圈套，因为好马的身形都比较大，而圈门很小，只有身形瘦小的马才能通过。实际上这是限定了范围的选择，虽然表面看起来选择面很广。那扇门即所谓的霍布森之门。

那么，霍布森之门与创新思维有关联吗？当然有。因为我们的头脑中都存在一个或大或小的霍布森之门。它就是我们对事物的固有判断。

在工作与生活中，我们常会遇到这样的情况，一方面是广泛地学习和接受新事物，也决定从中选择一些好的方向或建议，但最终都通不过一些固有的观念所造成的小门，只不过这扇门存在于自己的心中，不易被我们察觉。而正是这扇小门，成了我们迈向成功的障碍，甚至会使我们丧失解决问题的自信。

就像在我们的固有的观念中，推销一把斧子给当今美国总统简直是天方夜谭。但一位名叫乔治·赫伯特的推销员却成功地做到了。

布鲁金斯学会得知乔治把斧子推销给了当今美国总统这一消息，立即把刻有“最伟大推销员”的一只金靴子赠予了他。这是自1975

年以来，该学会的一名学员成功地把一台微型录音机卖给尼克松后，又一学员登上如此高的门槛。

布鲁金斯学会以培养世界上最杰出的推销员著称于世。它有一个传统，在每期学员毕业时，设计一道最能体现推销员能力的实习题，让学生去完成。克林顿当政期间，他们出了这么一个题目：请把一条三角裤推销给现任总统。8年间，有无数个学员为此绞尽脑汁，可是最后都无功而返。克林顿卸任后，布鲁金斯学会把题目换成：请把一把斧子推销给小布什总统。

鉴于前8年的失败与教训，许多学员知难而退，个别学员甚至认为，这道毕业实习题会和克林顿当政期间一样毫无结果，因为现在的总统什么都不缺少，再说即使缺少，也用不着他亲自购买。即便他亲自购买，也不一定赶上正是你去推销。

然而，乔治·赫伯特却做到了，并且没有花多少工夫。一位记者在采访他的时候，他是这样说的："我认为，把一把斧子推销给小布什总统是完全可能的，因为布什总统在得克萨斯州有一农场，里面长着许多树。于是我给他写了一封信，说：'有一次，我有幸参观你的农场，发现里面长着许多矢菊树，有些已经死掉，木质已变得松软。我想，你一定需要一把小斧头，但是从你现在的体质来看，一些新小斧头显然太轻，因此你仍然需要一把不甚锋利的老斧头。现在我这儿正好有一把这样的斧头，很适合砍伐枯树。假若你有兴趣的话，请按这封信所留的信箱，给予回复……'最后他就给我汇来了15美元。"

事后，很多人发出感叹：啊，原来这么简单！可为什么那些人没有去尝试呢？因为他们头脑中已经有了一道霍布森之门，除了向总统推销东西不可能成功这一观念外，没有任何观念能够通过这道门。这道门，已经封锁了他们的前进之路。

霍布森之门在企业创新中的影响也极为显著。有的企业准备上一个新项目，经多方论证后，已经没有什么问题了，最后却因为决策者的保守观念而放弃。

2004年底，IBM公司宣布将把个人电脑部门出售给联想的时候，很多人就觉得不可思议。IBM出售个人电脑部门的原因很复杂，但从全球计算机行业的发展来看，个人电脑业务已经过了高速增长的阶段，难以再像以前那样创造高额的利润。所以IBM计划把未来的发展战略进一步向纵深发展，涉足技术服务、咨询业务、软件业务、大型计算机网络和互联网等领域。这些领域远远比个人电脑业务更有利润可图。尽管大家都知道IBM出售个人电脑业务是出于发展战略调整的需要，但在很多人眼中，IBM就是曾经的电脑代名词，觉得卖掉起家时的支柱在情感上难以接受。

既然是一桩合情合理的生意，为什么不能做？可见，我们在心中对一个企业的所谓定位就是一扇霍布森之门，纵有再多的创新想法，在遇到这些前提或限定的时候，也只能让位于情感上的保守。

要培养自己的创新思维，就必须找出我们心中的那扇霍布森之门，并鼓起勇气拆掉它。这样，你才能敢于放手去做你想做的事情，去开拓一片更加广阔的天地，进行更加丰富的选择。

第四十八节 突破禁锢思想的路径依赖

“路径依赖”这个名词，是美国斯坦福大学教授保罗·戴维在《技术选择、创新和经济增长》一书中首次提出的。最初出现在制度变迁中，由于存在自我强化的机制，这种机制使得制度变迁一旦走上某一路径，它的既定方向在以后的发展中将得到强化。

路径依赖也反映了我们思路的演变轨迹，思维会受既定的标准所限制，而难以有所突破。这种现象在生活中也是普遍存在的。

我们都知道现代铁路两条铁轨之间的标准距离是固定的，无论哪个国家、哪个地区，这一数值都是 1.435 米。也许你会对这个标准感到费解，为什么不是整数呢？这就要从铁路的创建说起了。

早期的铁路是由建电车的人所设计的，而 1.435 米正是电车所用的轮距标准。那电车的轮距标准又是从何而来的呢？这是因为最先造电车的人以前是造马车的，所以电车的标准是沿用马车的轮距标准。马车又为什么要用这个轮距标准呢？这是因为英国马路辙迹的宽度是 1.435 米，所以如果马车用其他轮距，它的轮子很快会在英国的老路上撞坏。原来，整个欧洲，包括英国的长途老路都是由罗马人为其军队所铺设的，而 1.435 米正是罗马战车的宽度。罗马人以 1.435 米为战车的轮距宽度的原因很简单，这是牵引一辆战车的两匹马屁股的宽度。

马屁股的宽度决定了现代铁轨的宽度，也许你会觉得有几分可笑，但事实就是如此。这一系列的演进过程，也十分形象地反映了路径依赖的形成和发展过程。

春秋时期的一天，齐桓公在管仲的陪同下，来到马棚视察。他一见养马人就关心地询问：“马棚里的大小诸事，你觉得哪一件事最难？”养马人一时难以回答。这时，在一旁的管仲代他回答道：“从前我也当过马夫，依我之见，编排用于拦马的栅栏这件事最难。”齐桓公奇怪地问道：“为什么呢？”管仲说道：“因为在编栅栏时所用的木料往往曲直混杂。你若想让所选的木料用起来顺手，使编排的栅栏整齐美观、结实耐用，开始的选料就显得极其重要。如果你在下第一根桩时用了弯曲的木料，随后你就得顺势将弯曲的木料用到底，笔直的木料就难以启用。反之，如果一开始就选用笔直的木料，继之必然是直木接直木，曲木也就用不上了。”

管仲虽然不知道“路径依赖”这个理论，却已经在运用这个理念来说明问题了。他表面上讲的是编栅栏建马棚的事，但其用意是在讲述治理国家和用人的道理。如果从一开始就作出了错误的选择，那么后来就只能是将错就错，很难纠正过来。由此可见路径依赖的可怕。如果最初的思路是错误的，也就难以得到正确的结果了。

我们在生活中、工作中常常会遇到路径依赖的现象，使思维陷入对传统观念的依赖中。这种依赖是创新路上的一块绊脚石，要想有所创新，就要努力突破路径依赖，开辟一条新的路径，像下面故事中的B公司销售人员一样。

A公司和B公司都是生产鞋的，为了寻找更多的市场，两个公司都往世界各地派了很多销售人员。这些销售人员不辞辛苦，千方百计地搜集人们对鞋的各种需求信息，并不断地把这些信息反馈给公司。

有一天，A公司听说在赤道附近有一个岛，岛上住着许多居民。A公司想在那里开拓市场，于是派销售人员到岛上了解情况。很快，B公司也听说了这件事情，他们唯恐A公司独占市场，也赶紧把销售人员派到了岛上。

两位销售人员几乎同时登上海岛，他们发现海岛相当封闭，岛上的人与大陆没有来往，他们祖祖辈辈靠打鱼为生。他们还发现岛上的人衣着简朴，几乎全是赤脚，只有那些在礁石上采拾海蛎子的人为了避免礁石硌脚，才在脚上绑上海草。

两位销售人员一到海岛，立即引起了当地人的注意。他们注视着陌生的客人，议论纷纷。最让岛上人感到惊奇的就是客人脚上穿的鞋子，岛上人不知道鞋子为何物，便把它叫做脚套。他们从心里感到纳闷：把一个“脚套”套在脚上，不难受吗？

A公司的销售人员看到这种状况，心里凉了半截，他想，这里的人没有穿鞋的习惯，怎么可能建立鞋的市场？向不穿鞋的人销售鞋，不等于向盲人销售画册、向聋子销售收音机吗？他二话没说，立即乘船离开海岛，返回了公司。他在写给公司的报告上说：“那里没有人穿鞋，根本不可能建立起鞋的市场。”

与A公司销售人员的情况相反，B公司的销售人员看到这种状况时心花怒放，他觉得这里是极好的市场，因为没有人穿鞋，所以鞋的销售潜力一定很大。他留在岛上，与岛上人交上了朋友。

B公司的销售人员在岛上住了很多天，他挨家挨户做宣传，告诉岛上人穿鞋的好处，并亲自示范，努力改变岛上人赤脚的习惯。同时，他还把带去的样品送给了部分居民。这些居民穿上鞋后感到松软舒适，走在路上他们再也不用担心扎脚了。这些首次穿上了鞋的人也向同伴们宣传穿鞋的好处。

这位有心的销售人员还了解到，岛上居民由于长年不穿鞋的缘故，与普通人的脚形有一些区别，他还了解了他们生产和生活的特点，然后向公司写了一份详细的报告。公司根据这些报告，制作了一大批适合岛上人穿的鞋，这些鞋很快便销售一空。不久，公司又制作了第二批、第三批……B公司终于在岛上建立了皮鞋市场，狠狠赚了一笔。

按照传统路径，海岛上的居民不穿鞋子，鞋子又怎会在这里有市场呢？然而，B公司的销售人员却突破了对这一路径的依赖，用创新的方法使居民认识到穿鞋的好处，就这样，轻而易举地打开了一片新的市场。

路径依赖理论不仅为我们显现了禁锢思想的原因，同时也提出了解除这种禁锢的方法，那就是从源头上突破对某一种观点或规范的依赖，尝试用一种全新的方法，走一条全新的道路。尝试为创新思维开辟一片发展的空间，在这片自由的天空下，将创造力发挥到极致，取得生活与事业的双赢。

第四十九节　别再死守过去的老经验

在日常生活中，有些人习惯于遵循老传统，死守老经验，宁愿平平淡淡做事，安安稳稳生活，日复一日、年复一年地从事别人为他们安排好的重复性劳动，不敢有一丝的出格行为，对于那些未知的东西更是心中充满了畏惧。

这些人思想守旧，心不敢乱想，脚不敢乱走，手不敢乱做，凡事小心翼翼，中规中矩，虽然办事稳妥，但也不会有创造力，不懂得如何创造性地完成任务，也就不可能将工作做到卓越。

下面这个故事中的主人翁，就是由于固守老经验不放手而有了那次悲惨的遭遇。事后，他悔恨地感叹：都是老经验害了他们，如果当时能够冒险试一试，哪怕只试一次，其他的船员也不会丧生孤岛。

那一次，他所在的远洋海轮不幸触礁，沉没在汪洋大海里。船上包括他在内的9位船员拼死登上一座孤岛，才暂时得以幸存下来。

但接下来的情形更加糟糕。岛上除了石头，还是石头，没有任何可以用来充饥的东西。更为要命的是，在烈日的暴晒下，每个人都口渴得冒烟，水成了最珍贵的东西。

尽管四周都是水——海水，可谁都知道，海水又苦又涩又咸，饮用过后反而会更加口渴，最终会因严重脱水而死亡。现在9个人唯一的生存希望是老天爷下雨或过往船只发现他们。

等啊等，没有任何下雨的迹象，天际除了海水还是一望无际的海水，没有任何船只经过这个死一般寂静的岛。渐渐地，他们支撑不下去了。

其他8名船员相继渴死，只剩下他一个。饥渴、恐惧、绝望环绕在他的四周，当他也快要渴死的时候，他实在忍受不住，跳进海水里，“咕嘟咕嘟”地喝了一肚子海水。他喝完海水，一点儿也觉不出海水的苦涩味，相反觉得这海水非常甘甜，非常解渴。他想：也许这是自己死前的幻觉吧，便静静地躺在岛上，等着死神的降临。

他睡了一觉，醒来后发现自己还活着，感到非常奇怪，于是他每天靠喝海水度日，终于等来了过往的船只。

他得以生还后，大家都很奇怪这片海水为什么是甘甜的可饮用水，后来有关专家化验岛上的海水发现，这片海下有一口地下泉。由于地下泉水的不断翻涌，所以，这儿的海水实际上是可口的泉水。

谁都知道海水是咸的，根本不能饮用，这是基本的常识，因此8名船员被渴死了。追根究底，还是老经验害死了他们。而第9名船员在求救无望的生死之际，颠覆了老经验，做出了异于常人的举动，而正是这一举动使他找到了一线生存的希望。

这个故事也告诉我们，再好的经验也会成为过去，如同高科技产品一样，今天是博览会上的高、精、尖，明天就可能成为博物馆里的古董。下面小虎鲨的故事也见证了这一点。

小虎鲨的故事是西点军校学员的反面教材。

小虎鲨长在大海里，当然很习惯大海中的生存之道。肚子饿了，小虎鲨就努力找大海中的其他鱼类吃，虽然有时候要费些力气，却也不觉得困难。有时候，小虎鲨必须追逐很久才能猎到食物。这种难度，随着小虎鲨经验的增长越来越不是问题，并不对小虎鲨的生存造成影响。

很不幸，小虎鲨在一次追逐猎物时被人类捕捉住了。离开大海的小虎鲨还算幸运，一个研究机构把它买了去。关在人工鱼池中的小虎鲨虽然不自由，却不愁猎食，研究人员会定时把食物送到池中。

有一天，研究人员将一片又大又厚的玻璃放入池中，把水池分割成两半，小虎鲨却看不出来。研究人员把活鱼放到玻璃的另一边，小虎鲨等研究人员放下鱼后，就冲了过去，结果撞到玻璃，疼得眼冒金星，却什么也没吃到。小虎鲨不信邪，过了一会儿，看准了一条鱼，"咻"地又冲过去，这一次撞得更痛，差点没昏倒，当然也没吃到鱼。休息10分钟后，小虎鲨饿坏了，这次看得更准，盯住一条更大的鱼，"咻"地又冲过去，情况仍没有改变，小虎鲨撞得嘴角流血。它想，这到底是怎么回事？小虎鲨趴在池底思索着。

最后，小虎鲨拼着最后一口气，再冲！但是仍然被玻璃挡住，这回撞了个全身翻转，鱼还是吃不到。小虎鲨终于放弃了。

不久，研究人员又来了，把玻璃拿走，又放进小鱼。小虎鲨看着到口的鱼食，却再也不敢去吃了。

西点军校的教官告诫学员：人类也很容易像小虎鲨一样被过去的经验所限制，如果你不想没有食物吃，那就勇敢地跨过经验这道门槛。

经验告诉我们的只是过去成功的过程，而不是未来如何成功。你千万不要以为在人生这个广袤的大海里，只能抱着那些曾经的经验，在祖辈开辟的领海中游弋。与死守老经验的人不同，具有创新思维的人长了一身的反骨。别人拿苹果直着切，他偏偏横着切，看看究竟有什么不同；别人说不听老人言，吃亏在眼前，他偏不听，偏要自己闯闯看。具有创新思维的人不愿死守传统，不愿盲从他人，凡事喜欢自己动脑筋，喜欢有自己的独立见解。他们思想开放，不拘小节，兴趣广泛，好奇心重，喜欢标新立异，最爱别出心裁。因此，具有创新思维的人脑瓜活、办法多，最能创造出好成绩。

下面这则驴子的寓言既有可读性，又能加深我们的认识。

太阳快下山了，天气还是热得不得了。一只驮着好几袋盐的驴子，实在是累得走不动了，可是它的主人还在一个劲地催它："快！快！我们得赶在太阳下山前赶到镇上。"

驴子实在太累了，便开始抱怨自己驮的东西太重，也生气主人不让它休息一下。而它的主人却认为驴子太懒惰了、走得太慢了，因此几乎要用鞭子打它。

走着，走着，他们来到了一条小河边，河水清澈见底，感觉很清凉。驴子高兴了：“这下你总会停下来让我休息一下了吧？”它满心期待着。可是没想到，商人一点也没有要停下来的意思，反而拉着驴子就涉水过河。

当走到河中间时，这只疲惫不堪的驴子再也支撑不了背上的重物，脚一发软，失去重心的它四脚朝天地跌落在水里。

“天哪！我的盐！这下可惨了”商人看到驴子背上的几大袋盐都泡到水里，吓得赶紧催促着驴子站起来。驴子好不容易在主人的协助下站了起来，它原本还在气馁，可是他马上就惊喜地发现背上的货物一下子轻了好多。于是便高高兴兴地加快了轻松的脚步，将剩下的盐运到了镇上。

几天后，商人又赶着驴子运货了，这一次他决定不运盐而改运棉花，因为上一次让他损失惨重。而驴子却不知道，它一心想着偷懒，决定再去水里摔一跤，并希望以后每一次都像上一次那么的轻松，不用吃苦、受累。

转眼，他们要来到了那条河边。当走到河中间时，驴子装做没站稳，身体便往水中倒去。驴子正为自己这一聪明的举动高兴的时候，奇怪的是商人一点也不着急，只是慢慢地帮它站起来。

驴子用力站起来后，却发现背上的货物好像重了一倍似的，压得它喘不过气来。它懊恼极了，后悔自己不该摔这一跤，它怎么也想不通为什么这次和上一次会不一样。可是懊恼也没用，驴子最后被沉重的棉花担子压死了。

读完这则寓言，人们不禁轻笑那驴子的蠢笨。尔后再细细一想，就会觉得其中很有一些道理。驴子为什么会死于非命？

驴子的致命伤在于它的经验。第一次运盐落水，驴子因祸得福，就记牢了这则经验，待到下次运棉花，再搬这一经验，便非但失灵，还搭上了命。盐能溶于水，棉花会吸水，驴子不知区别，死套经验，那就不能怪河水无情了。

世界上的事情本来就是千差万别的，这是由矛盾的特殊性决定的。任何事物均有特性，如盐能溶于水，棉花要吸水，这也是由矛盾的特殊性决定的。所以具体情况具体分析才能不出差错，不犯经验主义错误。驴子不明此理，一切按老规矩干，这样，它当然要死在这经验主义上了。

从驴子之死，我们看到了经验主义造成的悲剧。思及自身，我们有没有“驴子经验”呢？我们会不会犯驴子的错误呢？事实证明，难免会有、会犯。如果死抱着半个世纪以前的那些陈芝麻烂谷子，自以为灵芝仙草，且把它们套用在今天的建设中，就会贻误时机，就会重演驴子的悲剧。

总之，我们要遵循被列宁称做马克思主义活的灵魂的具体问题具体分析的原则，充分认识矛盾的特殊性，透过现象看本质，正确地运用经验，处理好所遇到的事物。非此，则不能避免重蹈驴子的覆辙。

第五十节　超越常规不拘一格地思考

很多人都被条条框框所束缚，被旧经验习惯所制约，唯有一种突破常规的超越力量，唯有基于解放思想束缚后所产生的巨大能量释放，才能有柳暗花明的惊喜和峰回路转的开阔。

培养创新思维，首先就要做好思想上的准备——敢于超越常规，超越传统，不被任何条条框框所束缚，不被任何经验习惯所制约。只有这样，才能产生更宽广的思绪与触觉。

1813年，曾以成功进行人工合成尿素实验而享誉世界的德国著名化学家维勒，收到老师贝里齐乌斯教授寄给他的一封信。

信是这样写的：

从前，一个名叫钒娜蒂丝的既美丽又温柔的女神住在遥远的北方。她究竟在那里住了多久，没有人知道。

突然有一天，钒娜蒂丝听到了敲门声。这位一向喜欢幽静的女神，一时懒得起身开门，心想，等他再敲门时再开吧。谁知等了好长时间仍听不见动静，女神感到非常奇怪，往窗外一看：原来是维勒。女神望着维勒渐渐远去的背影，叹气道：这人也真是的，从窗户往里看看不就知道有人在，不就可以进来了吗？就让他白跑一趟吧。

过了几天，女神又听到敲门声，依旧没有开门。

门外的人继续敲。

这位名叫肖夫斯唐姆的客人非常有耐心，直到那位漂亮可爱的女神打开门为止。

女神和他一见倾心，婚后生了个儿子叫“钒”。

维勒读罢老师的信，唯一能做的就是一脸苦笑地摇了摇头。

原来，在1830年，维勒研究墨西哥出产的一种褐色矿石时，发现一些五彩斑斓的金属化合物，它的一些特征和以前发现的化学元素铬非常相似。对于铬，维勒见得多了，当时觉得没有什么与众不同的，就没有深入研究下去。

一年后，瑞典化学家肖夫斯唐姆在本国的矿石中，也发现了类似铬的金属化合物。他并不是像维勒那样把它扔在一边，而是经过无数次实验，证实了这是前人从没发现的新元素——钒。

维勒因一时疏忽而把一次大好时机拱手让给了别人。

其实，种种的习惯与常规随时间的沉淀，会演变成一种定式、枷锁，阻碍人们的突破和超越。生活中常规的层层禁锢所产生的连锁效应不止于此，我们要做的工作就是打破一切规则，只有敢于超越，才能赢得创造。

现在市场上的罐装饮料，很重要的一种是茶饮料。罐装茶饮料始于罐装乌龙茶，它的开发者是日本的本庄正则。

千百年来，人们习惯于用开水在茶壶中泡茶，用茶杯等茶具饮茶，或是品尝，或是社交，或是寓情于茶。而易拉罐茶饮料则是提供凉茶水，作用是解渴、促进消化，满足人体的种种需求。将凉茶水装罐出售是违反常识的，它抛开了茶文化的重要内涵，取其解渴、促进消化的功能。将乌龙茶开发成罐装饮料的成功创意，产生了经营上出奇制胜的效果。在公司经营上，这种看似违反常规的行为，实则是一种不错的经营之道。

本庄正则从20世纪60年代中期开始涉足茶叶流通业，他购买了一个古老的茶叶商号——伊藤园，并把它作为自己公司的名称。

伊藤园发展成茶叶流通业第一大公司，本庄正则投资建设了茶叶加工厂，把公司的业务从销售扩大到加工。1977年，伊藤园开始试销中国乌龙茶，并在短时间内获得畅销。但到了20世纪80年代，乌龙茶的销售达到了巅峰并开始出现降温倾向。

在这种情况下，本庄正则必须思变，否则事业将遭受沉重的打击。乌龙茶不好销了，茶叶的新商机在哪里呢？

早在20世纪70年代初茶叶风靡日本时，本庄正则就萌生了开发罐装茶的创意，但当时的技术人员遭遇到了不喝隔夜茶这一拦路虎，因为茶水长时期放置会发生氧化、变质现象，不再适宜饮用。因此，罐装乌龙茶的创意暂时不可能实现。

要使罐装乌龙茶具有商机，必须攻克茶水氧化的难关，从创造的角度上讲，这也是主攻方向。

于是，本庄正则投资聘请科研人员研究防止茶水氧化的课题。时隔一年，防止氧化的难题解决了，本庄正则当机立断开发罐装乌龙茶。

在讨论这项计划时，12名公司董事中有10名表示反对，因为把凉茶水装罐出售是违反常识的。然而，长期销售茶叶的经验告诉本庄正则，每到盛夏季节，茶叶销量就要剧减，而各种清凉饮料的销量则猛增。他坚信，如果在夏季推出易拉罐乌龙茶清凉饮料，一定会大有市场。在本庄正则的坚持下，伊藤园开发的易拉罐乌龙茶清凉饮料于1988年夏季首次上市，大受消费者欢迎。乌龙茶销售又再现高潮，而且经久不衰，直到今天。

试想，如果不是本庄正则有超越常规的创新思维，敢于不按常理出牌，也就不会有乌龙茶销售的再一次热潮，更不会有茶饮料丰富样式的出现。

这也说明了，进行创新性活动切不可把创造的方向确定在某一样式上，而应不拘一格，超越常规也未尝不可，这样反而能出奇制胜，开创佳绩。

第五十一节 独立思考是创新思维的助手

有一天晚上，卢瑟福走进实验室，当时已经很晚了，见一个学生仍俯身在工作台上，便问道："这么晚了，你还在干什么呢？"

学生回答说："我在工作。"

"那你白天干什么呢？"

"我也工作。"

"那么你早上也在工作吗？"

"是的，教授，早上我也工作。"

于是，卢瑟福向他提出了一个问题："那么这样一来，你用什么时间思考呢？"

思考？这个学生之前显然没有意识到这个问题，做学问还要思考！

后来，这个学生通过仔细观察发现，每天傍晚，不管实验工作进行得顺利还是不顺利，卢瑟福总是在走廊里散步，那种神情表明他正在思考。

卢瑟福经常对他的学生说："不要死记硬背，也不要满足于实验，而要学会思考。只有勤于和善于思考的人，才能获得知识，取得成就。"做研究如此，做任何事情都是如此。思考是我们的思路通往外界的一扇窗，通过思考，我们的思维才能够在知识的天空翱翔，取得出众的成果。

思考的方法有很多种，其中又以独立思考为最重要。因为，独立的思考能力是现代创造性活动的基本要求。具体来说，独立的思考能力是针对具体问题进行深入分析而提出自己的独创见解的能力，它也是一种运用已经掌握的理论知识和已经积累的经验教训，独立地、创造性地分析和解决实际问题的综合能力。

我们在创造性活动中，要善于根据实际情况进行独立的分析和思考，对问题的认识和解决有独创见解，不受他人暗示的影响，不依赖于他人的结论，努力防止思想的依赖性。

从某种程度来讲，工作就是一个思考的过程；工作取得进步，就是一个思考深入的过程。思考得多了，想到的方法自然就多了。当一个猎人打了一只兔子时，他就会想办法去猎一只鹿，当他猎到一只鹿时，他就会想如何去打一只熊。只有这样不断地思考，不断地寻找更好更有效的办法，才有可能成为一名优秀的猎人。工作何尝不是一个猎人的思考过程呢？

很多成功的创新人士和发明专家，他们都是十分重视独立思考的力量的。

我国有一个小学三年级的学生，一次随他爸爸去宾馆，迎面看见墙上并列排着7座大钟，分别显示世界各地当时的准确时间。可为什么要挂那么多钟？

不能仅用一座钟来表示各地的时间吗？他坚持认为挂钟多，既占地方又费钱。他年纪虽小，但善于独立思考，经过多次试验，发明出新式世界钟，这种钟可代替那7座钟的功能，被评为全国青少年发明创新一等奖。

一位智者强调，要培养你的创新思维，一定要养成独立思考、刻苦钻研的良好习惯，千万不要人云亦云，读死书，死读书。

人性中普遍存在着两个相反的特质，这两个特质都是积极思考的绊脚石。

轻信是人类的一大缺点，独立思考者的脑子里永远有一个问号，你必须质疑企图影响正确思考的每一个人和每一件事。

这并不是缺乏信心的表现。事实上，它是尊重造物主的最佳表现，因为我们已了解到自己的思想，是从造物主那儿得到的唯一可由我们完全控制的东西，而我们应该珍惜这份福气。

如果我们是一位独立的思考者，我们就是自己思维的主人，而非奴隶。我们不应给予任何人控制我们思想的机会，我们必须拒绝错误的倾向。

人们往往会接受那些一再出现在脑海中的观念——无论它是好的或是坏

的，是正确的或是错误的。

人类另一项共同的弱点，就是不相信他们所了解的事物。

当莱特兄弟宣布他们发明了一种会飞的机器，并且邀请记者亲自来观看时，没有人接受他们的邀请。当马可尼宣布他发明了一种不需要电线就可传递信息的方法时，他的亲戚甚至把他送到精神病院去检查，他们还以为他失去了理智呢。

在没有弄清楚之前，就采取鄙视的态度，只会限制我们的机会、信心、热忱以及创造力。不要认为未经证实的事情和任何新的事物都是不可能的。独立思考的目的，在于帮助我们了解新观念或不寻常的事情，而不是阻止我们去研究它们。

爱因斯坦对为他写传记的作家塞利希说："我没有什么特别才能，不过喜欢寻根究底地追求问题罢了。"在这个寻根究底的过程中，最常用的方法就是思考。他自己深有体会地说："学习知识要善于思考、思考、再思考，我就是靠这个学习方法成为科学家的。"

数字化教父尼葛洛·庞蒂说："我不做具体研究工作，只是在思考。"

达尔文说："我耐心地回想或思考任何悬而未决的问题，甚至连费数年亦在所不惜。"

牛顿说："思索，持续不断地思索，以待天曙，渐渐地见得光明。如果说我对世界有些微薄贡献，那不是由于别的，只是由于我的辛勤耐久的思索所致。"他甚至这样评价思考："我的成功当归功于精心的思索。"

从这些名言中，我们不难得出这样一个道理：思考是一个人有所创造最重要、最基本的心理品质，独立思考是创新思维的助手。所以，养成独立思考的习惯，是要成大事的人必备的条件。

用独立思考进行创新思维，我们可以尝试以下的思路：

独立面对问题，不要轻易依赖别人；与习惯性思想的来源相隔离，不要先插上电源然后用电视、电脑或者是去图书馆找答案，先自己想想；我们尽管不能与世界相隔绝，但是我们可以通过限制习惯性观点的摄入量来增加我们独立思考的量；这意味着减少接触媒体的时间和精力，独立思考者不一定是异类，但是他们不因循而守旧，他们尝试以一种新的标准来看世界而不是仅仅从电脑屏幕前获取一切。

将自己浸于与自己现有观点矛盾的经历中，不要总是以一个新一点的习惯性思维去替换掉旧的。我们可以主动寻找与自己的观点不一致的经历，它们可能存在于外国文化、不寻常的亚文化中，或是在我们不赞同的书中。这一点可以这样看，它不是让我们接受一个装思考的新火车，而是荒废掉习惯性思考的铁路。

以旁观者的眼光看进程，把我们的平常生活抛在脑后，可以赋予我们这样一种自由：从另一个角度看问题，观察这个世界将带给我们一种思考自我的平和，静静地站一会，任时光流逝，这可以给我们嘲笑自己所持的信念以及寻找一片新大陆的机会。

随机化我们的生活圈，不要总去相同的场所，吃相同的食物，与相同的人谈天，我们可以积极地追寻新的经历。许多人习惯了这种简单的决定，这样可以带来安全感，但如果我们想独立地思考，我们需要跳出自己所习惯的圈子。

练习质疑，我们可以尝试养成本能的质疑习惯性的观点的习惯，但不要成为犬儒主义者，不要认为那些真理是不证自明的，只有当自己确信在逻辑的后面还有事实来支持它们之后再作出判断。

第五十二节　创新思维始于敢为天下先

谈到创新思维，人们会格外关注这个“新”字。既是创新，就应该有一些新想法、新举动，哪怕这是前人所不曾有的意念与行为。善于运用创新思维的人就要有吃第一只螃蟹的勇气，有敢为天下先的魄力。

尤伯罗斯就是这样一位敢为天下先的创新思维运用者。

1984年以前的奥运会主办国，几乎是指定的。对举办国而言，往往是喜忧参半。能举办奥运会自然是国家民族的荣誉，也可以乘机宣传本国形象，但是以新场馆建设为主的巨大硬件软件的投入，又将使政府负担巨大的财政赤字。1976年加拿大主办蒙特利尔奥运会亏损10亿美元，预计这一巨额债务到2003年才能还清。1980年，前苏联莫斯科奥运会总支出达90亿美元，具体债务更是一个天文数字。奥运会几乎成了为国家民族利益而举办，为政治需要而举办。赔老本已成奥运会定律。

直到1984年的洛杉矶奥运会，美国商界奇才尤伯罗斯接手主办奥运会，他运用其超人的创新思维，改写了奥运经济的历史，不仅首度创下了奥运史上第一笔巨额赢利纪录，更重要的是建立了一套奥运经济学模式，为以后的主办城市如何运作提供了样板。从那以后，争办奥运者如过江之鲫。因为名利双收是铁定的，借钱也得干。

寻求创新，首先是从政府开始的。鉴于其他国家举办奥运会的亏损情况，洛杉矶市政府在得到主办权后，马上作出一项史无前例的决议：第23届奥运会不动用任何公用基金。因此而开创了民办奥运会的先河。

尤伯罗斯接手奥运之后，发现组委会竟连一家皮包公司都不如，没有秘书、没有电话、没有办公室，甚至连一个账号都没有。一切都得从零开始，尤伯罗斯决定破釜沉舟。他以 1 060 万美元的价格将自己旅游公司的股份卖掉，开始招募雇佣人员，然后以一种前无古人的创新思维定了乾坤：把奥运会商业化，进行市场运作。

于是一场轰轰烈烈的革命就此展开。洛杉矶市长不无夸耀地评价说：“尤伯罗斯正在领导着第二次世界大战以来最大的运动。”

第一步是开源节流。尤伯罗斯认为，自 1932 年洛杉矶奥运会以来，规模大、虚浮、奢华和浪费已成为时尚。他决定想尽一切办法节省不必要的开支。首先，他本人以身作则不领薪水，在这种精神感召下，有数万名工作人员甘当义工；其次，沿用洛杉矶既有的体育场；再次，把当地 3 所大学的宿舍作为奥运村。仅后两项措施就节约了数以十亿美金，点点滴滴都体现其创新思维的功力与胆识。

第二步是声势浩大的圣火传递活动。奥运圣火在希腊点燃后，在美国举行横贯美国本土 15 万千米的圣火接力。用捐款的办法，谁出钱谁就可以举着火炬跑上一程。全程圣火传递权以每千米 3 000 美元出售，1.5 万千米共售得 4 500 万美元。尤伯罗斯实际上是在拍卖百年奥运的历史、荣誉等巨大的无形资产。

第三步是狠抓赞助、转播和门票三大主营收入。尤伯罗斯出人意料地提出，赞助金额不得低于 500 万美元，而且不许在场地内包括其空中做商业广告。这些苛刻的条件反而刺激了赞助商的热情。一家公司急于加入赞助，甚至还没弄清所赞助的室内赛车比赛程序如何，就匆匆签字。尤伯罗斯最终从 150 家赞助商中选定刃家。此举共筹到 117 亿美元。

最大的收益来自独家电视转播权转让。尤伯罗斯采取美国三大电视网竞投的方式，结果，美国广播公司以 225 亿美元夺得电视转播权。尤伯罗斯又首次打破奥运会广播电台免费转播比赛的惯例，以7 000万美元把广播转播权卖给美国、欧洲及澳大利亚的广播公司。

通过强大的广告宣传和新闻炒作，门票收入也取得了历史上的最高水平。

第四步是出售以本届奥运会吉祥物山姆鹰为主的标志及相关纪念品。结果，在短短的十几天内，第23届奥运会总支出511亿美元，赢利25亿美元，是原计划的10倍。尤伯罗斯本人也得到475万美元的红利。在闭幕式上，国际奥委会主席萨马兰奇向尤伯罗斯颁发了一枚特别的金牌，报界称此为本届奥运会最大的一枚金牌。

尤伯罗斯的举措体现了几方面的突破：一是改变了奥运会由举办国政府埋单的惯例，将奥运会转为商业化运作；二是与商业界、广播电台等打造了双赢的局面；三是开发了奥运会附属商品，如纪念品等。而这些在历届奥运会的举办历史上都是不曾有的。

尤伯罗斯以创新的思维实现了对旧模式的突破。而创新又无一例外地是建立在打破旧观念、旧传统、旧思维、旧模式的基础之上的。只有跳出传统的思维束缚圈，敢于想别人没有想过、做别人没有做过的事情，才能开拓自己的思路，创新自己的方法，找到解决问题的最佳途径。尤伯罗斯做到了这一点，他无疑是一个成功者。

新的事物永远是有活力的，创新思维就是要为自己的发展寻求并注入活力，培养创新思维就要敢为天下先，要敢于走别人没走过的路，要敢于在竞争中拼抢先机。唐朝杨巨源有诗："诗家清景在新春，绿柳才黄半未匀。若待上林花似锦，出门俱是看花人。"在此借来一用。如果做不到巧妙运用创新思维，做不到不断创新，总是跟在别人屁股后面跑，那么，你就只能去做那"看花人"，去欣赏别人栽种出的"上林花"了。

第五十三节　正确的答案并非只有一个

曾有这样一则故事，一位老师要为一个学生答的一道物理题打零分，而他的学生则声称他应得满分，双方争执不下，便请校长来做仲裁人。

试题是：“试证明怎样利用一个气压计测定一栋楼的高度。”

学生的答案是：“把气压计拿到高楼顶部，用一根长绳子系住气压计，然后把气压计从楼顶向楼下坠，直到坠到街面为止，然后把气压计拉上楼顶，测量绳子放下的长度，这长度即为楼的高度。”

这是一个有趣的答案，但是这学生应该获得称赞吗？校长知道，一方面这位学生应该得到高度评价，因为他的答案完全正确。另一方面，如果高度评价这个学生，就可以为他的物理课程的考试打高分：而高分就证明这个学生知道一些物理知识，但他的回答又不能证明这一点。

校长让这个学生用6分钟回答同一个问题，但必须在回答中表现出他懂一些物理知识。在最后一分钟里，他赶忙写出他的答案，它们是：把气压计拿到楼顶，让它斜靠在屋顶边缘，让气压计从屋顶落下，用秒表记下它落下的时间，然后用落下时间中经过的距离等于重力加速度乘下落时间平方的一半算出建筑高度。

看了这个答案之后，校长问那位老师是否让步。老师让步了，于是校长给了这个学生几乎是最高的评价。

正当校长准备离开办公室时，他记得那位学生说他还有另一个答案，于是校长问他是什么样的答案。学生回答说：“啊，利用气压计测出一个建筑物的高度有许多办法，例如，你可以在有太阳的日子记下楼顶上气压计的高度及影子的长度，再测出建筑物影子的长度，就可以利用简单的比例关系，算出建筑物的高度。”

“很好，”校长说，“还有什么答案？”

“有啊，”那个学生说，“还有一个你会喜欢的最基本的测量方法。你拿那气压计，从一楼登梯而上，当你登梯时，用符号标出气压计上的水银高度，这样你可利用气压计的单位得到这栋楼的高度。这个办法最直接。”最后他又说，“如果不限制我用物理方法回答这个问题，还有许多其他方法。例如，你拿上气压计走到楼底层，敲管理员的门。当管理员应声时，你对他说下面一句话，‘管理员先生，我有一个很漂亮的气压计。如果你告诉我这栋楼的高度，我将我的这个气压计送给您……’”

读完这个故事，我们被这个学生的智慧折服了。再静下来想一想，又会感叹：“为什么人们总觉得只有一个正确答案呢？”

几乎从启蒙那天开始，社会、家庭和学校便开始向我们灌输这样的思想：每个问题只有一个答案；不要标新立异；这是规矩；那是白日做梦。等等。

当然，就做人的行为准则而言，遵循一定的道德规范是对的，正所谓没有规矩不成方圆。然而，对于思维方法的培养，制定唯一的准则这一做法是万万要不得的。

如果对思维进行约束，则只能看到事物或现象的一个或少数几个方面。在思考问题时，我们也往往认为找到一个答案就万事大吉了，不愿意或根本想不到去寻找第二种，乃至更多的解决方案，因而难以产生大的突破。

第五十四节　通过与人交流碰出智慧火花

智慧与智慧交换，能得到更多、更有效的智慧，与他人交换想法，你会从中获得意想不到的启发，这是有效利用发散思维的一种表现。

一位发明家曾经讲过这样一个故事：

有一家工厂的冲床因为操作不慎经常发生事故，以致于多名操作工手指致残。技术人员设计了许多方案，为了解决这一问题，就是要让冲床在操作工的手接近冲头时自动停车。他们先后采用红外线超声波、电磁波构成的许多复杂的检测控制系统，都因为成本高或性能不可靠等原因而放弃了。

正当技术人员一筹莫展时，他想到了交流，便带着自己的想法和工人们一块儿讨论，大家七嘴八舌，你一个点子，我一个想法，围绕避免事故这一中心，大家的建议就像放射性的线一样，射向四面八方，每一条线就是一种不同的方法。讨论了半天，最终确定了一个方案：让工人坐在椅子上操作，在椅子两边扶手上各装一个开关，只有它们同时接通时，冲床才能启动。

操作工两手都在按开关，怎么会发生事故呢？

这样一来，交换一下想法，在发散性的建议中得出最佳的方案，原本看似复杂的问题也得到了有效的解决。

杨振宁说过，当代科学研究，不仅要充分挖掘个人智慧，而且还要积极倡导一种团队智慧，各学科、各门类的人才坐在一起，实行智慧的大融合、大交流、大碰撞，才能实现团队智慧成果的最优化。他的这种观点可谓一针见血。美国的硅谷聚集了那么多高科技企业，那么多科技精英，大家扎堆的目的就是近距离地搭建一个交流平台，在信息大融合中，实现信息共享、智慧共享。

许多人都知道库仑定律。据说库仑早年是巴黎的一位中学教师，对电荷之间的相互作用力很感兴趣，想找出它们的规律，但苦于无法测量这种微小的力。法国大革命时期，库仑为求安宁去乡下暂住，对农家的纺车又发生了兴趣，看着用棉花纺的细细的纱线，觉得妙不可言。他随手抽断一根刚纺成的纱线，拿到眼前细看，注意到纱的接头总是向相反的方向卷曲，拧得越紧，反卷的圈数就越多。库仑便和纺纱的农妇交谈起来。

一位科学家和一位农妇的交谈，随即引发了一个划时代的发现。

与农妇的交谈使库仑的思维更加发散，针对纱线卷曲的问题，库仑进行了许多方面的设想。最后，他终于意识到，根据纱线卷曲的程度可以度量扭力的大小，可以用同样的原理来测量电荷之间的作用力。不久，库仑回到巴黎，做出了一支利用细丝扭转角度测量力矩的极为灵敏的秤，精确测量了电荷的相互作用力与距离和电量的关系，发现了成为电学重要基础的库仑定律。

科学家与普通人之间的差别，比人们想象的要小得多，两者的交流，只有行业和性质的差别。事实证明，不同行业的交流具有极大的互补性，促使思维可以向更多的方向发散，得到更多的创见，以利于问题的解决。

每个人都需要与他人进行交流，一个人自锁书城，两豆塞耳，必然孤陋寡闻，难以超越。你有一个水果，我有一个水果，交换后仍旧是一人一个。但是人的想法却不是如此，你有一个想法，我有一个想法，交换后每人至少有两个想法，由此还会衍生出许许多多其他的想法。这也是启发发散思维的好方法。

现在我们常说的头脑风暴方法就是大家在一起，就一个问题各抒己见、思想碰撞的一种方法。

当一群人围绕一个特定的兴趣领域产生新观点的时候，这种情境就叫做头脑风暴。由于会议使用了没有拘束的规则，人们就能够更自由地思考，进人思想的新区域，从而围绕一个中心点发散性地产生很多的新观点和问题解决方法。当参加者有了新观点和想法时，他们就大声说出来，然后在他人提出的观点之上建立新观点。

所有的观点被记录下来但不进行评估，只有头脑风暴会议结束的时候，才对这些观点和想法进行评估。

那么我们就清楚了，头脑风暴会帮助我们提出新的观点。我们不但可以提出新观点，而且我们将只需付出很少的努力。头脑风暴是个“尝试—检测”的过程。头脑风暴中应用什么技巧，取决于我们欲达到的目的。我们可以应用它们来解决工作中的问题，也可以应用它们来发展我们的个人生活。

如果我们遵循头脑风暴的规则，那么我们的个人风格无论是什么样，头脑风暴也会奏效。很自然，某些技巧和环境对一些人更适合，但是头脑风暴足够柔性化，能够适合每个人。

第五十五节　让思维的羽翼打开心灵

人类最广阔的是人的心灵。一切问题的出现来自人的动机和行为，一切问题的解决都以人的意志为转移，所谓心有多大，舞台就有多大。我们的心有多大，我们将会走多远！

曾看过这样一则寓言：一条鱼从小在一个小鱼缸中长大，它的心情并不好，因为它觉得鱼缸太小了，游了一会儿就到头了。随着小鱼慢慢长大，鱼缸已经显得太小了，主人便为它换了一个稍大些的鱼缸。鱼刚刚高兴了几天，又不满意了，因为没游多会儿还是碰到了鱼缸壁。最后，主人将它放回了大海，但鱼仍然高兴不起来。因为它再也游不到“鱼缸”的边缘了，它感到没有成就感。

小鱼的心已经被鱼缸限制了，在大舞台上也就无法舒展了。同理，我们的思维被局限时，也很难发挥出全部的能量。而如果我们的思维能够向四面八方辐射性地发散，我们分析问题、解决问题的能力也会有一个大的提升，供我们展示才华的舞台也就会变大。

发散思维的要旨就是要学会朝四面八方想。就像旋转喷头一样，朝各个方向进行立体式的发散思考。这首先要确定一个出发点，即先要有一个辐射源。

那么，怎样从一个辐射源出发向四面八方扩散？下面是提供的几种方法：

一是结构发散。是以某种事物的结构为发散点，朝四面八方想，以此设想出利用该结构的各种可能性。

二是功能发散。是以某种事物的功能为发散点，朝四面八方想，以此设想出获得该功能的各种可能性。

三是形态发散。是以事物的形态（如颜色、形状、声音、味道、明暗等）为发散点，朝四面八方想，以此设想出利用某种形态的各种可能性。

四是组合发散。是从某一事物出发，朝四面八方想，以此尽可能多地设想与另一事物（或一些事情）联结成具有新价值（或附加价值）的新事物的各种可能性。

五是方法发散。是以人们解决问题的结果作为发散点，朝四面八方想，推测造成此结果的各种原因；或以某个事物发展的起因为发散点，朝四面八方想，以此推测可能发生的各种结果。

善于运用发散思维的人，常常具有别人难以比拟的非常规想法，能取得非同一般的解决问题的效果。艾柯卡就是一个典型的例子。

美国福特汽车公司是美国最早最大的汽车公司之一。1956年，该公司推出了一款新车。这款汽车式样、功能都很好，价钱也不贵，但是很奇怪，竟然销路平平，和当初设想的完全相反。

公司的经理们急得就像热锅上的蚂蚁，但绞尽脑汁也找不到让产品畅销的办法。这时，在福特汽车销售量居全国末位的费城地区，一位毕业不久的大学生，很快对这款新车产生了浓厚的兴趣，他就是艾柯卡。

艾柯卡当时是福特汽车公司的一位见习工程师，本来与汽车的销售毫无关系。但是，公司老总因为这款新车滞销而着急的神情，却深深地印在他的脑海里。

他开始琢磨：我能不能想办法让这款汽车畅销起来？终于有一天，他灵光一闪，于是径直来到经理办公室，向经理提出了一个创意，在报上登广告，内容为："花56元买一辆56型福特。"

这个创意的具体做法是：谁想买一辆1956年生产的福特汽车，只需先付20%的货款，余下部分可按每月付56美元的办法逐步付清。

他的建议得到了采纳。结果，这一办法十分灵验，"花56元买一辆56型福特"的广告人人皆知。

"花56元买一辆56型福特"的做法，不但打消了很多人对车价的顾虑，还给人创造了"每个月才花56元，实在是太合算了"的印象。

奇迹就在这样一句简单的广告词中产生了：短短三个月，该款汽车在费城地区的销售量，就从原来的末位一跃而为全国的冠军。

这位年轻工程师的才能很快受到赏识，总部将他调到华盛顿，并委任他为地区经理。

后来，艾柯卡根据公司的发展趋势，推出了一系列富有创意的举措，最终坐上了福特公司总裁的宝座。

善于运用发散思维的人不止艾柯卡，英国小说家毛姆在穷得走投无路的情况下，运用自己的发散思维，想出了一个奇怪的点子，结果居然扭转了颓势。

在成名之前，毛姆的小说无人问津，即使请书商用尽全力推销，销售的情况也不好。眼看生活就要遇到困难了，他情急之下突发奇想地用剩下的一点钱，在大报上登了一个醒目的征婚启事：

“本人是个年轻有为的百万富翁，喜欢音乐和运动。现征求和毛姆小说中女主角完全一样的女性共结连理。”

广告一登，书店里的毛姆小说一扫而空，一时之间洛阳纸贵。印刷厂必须赶工才能应付销售热潮。原来看到这个征婚启事的未婚妇女，不论是不是真有意和富翁结婚，都好奇地想了解女主角是什么模样的。而许多年轻男子也想了解一下，到底是什么样的女子能让一个富翁这么着迷，再者也要防止自己的女友去应征。

从此，毛姆的小说销售一帆风顺。

发散思维具有灵活性，具有发散思维的人思路比较开阔，善于随机应变，能够根据具体问题寻找一个巧妙地解决问题的办法，起到出其不意的效果。

人生当中处处充满挑战，我们挑战现在，挑战未来，这些无一例外的都是挑战自我。挑战自己，就要放飞我们的生命，也许高处不胜寒，也许前方很渺茫，但即使是黄昏，也必然布满歌唱的流霞。所以，只要战胜自己，就会取得胜利。就像在赛车场上，有的人因为害怕放弃比赛；有的人即使遇到困难，遭遇事故，也仍然继续坚持比赛。那些比赛的车手们正是在挑战自己，挑战极限。几乎人人都说，人生不该留白，这个说法是对的。每个人都应该在自己有能力的时候去挑战自己，就算失败，也为自己的生活增添绚烂的一笔。

培养发散思维，拓展思维的深度与广度，我们的思维触角延伸多远，我们的人生舞台就展开有多大。

第五十六节　在无关之中找到相关联系

天底下许多事物，如果我们仔细观察它们，就会发现一些共通的道理，这就是事物之间的相关性。我们在解决问题时可以有意识地进行发散思维，把由外部世界观察到的刺激与正在考虑中的问题建立起联系，使其相合。也就是将多种多样不相关的要素捏合在一起，以期获得对问题的不同创见。下面我们就来看一个事例。

福特汽车是美国最重要的汽车品牌之一，在全球的销售量也名列前茅。在创立之时，创办人亨利·福特一直思考着，要如何大量生产，降低单位成本，并提高在市场上的竞争力。

有一天晚上，亨利·福特对孩子说完三头小猪如何对抗野狼的故事后，突然产生一个想法，他可以去猪肉加工厂看看，或许会有一些新的发现。他参观了几家猪肉加工厂后，发现里面的作业采用天花板滑车运送肉品的分工方式，每个工人都有固定的工作，自己的部分做完后，将肉品推到下一道程序继续处理，这样，肉品加工生产效率非常高。

亨利·福特立刻想到，肉品的作业方式也可以运用在汽车制造上。他之后和研发小组设计出一套作业流程，采用输送带的方式运送汽车零件，每个作业员只要负责装配其中的某一部分，不用像过去那样负责每部车的全部流程。亨利·福特所采用的分工作业，的确达到了他原先的要求，使得福特汽车成功地提高了全球的市场占有率，同时也变成众多车厂的作业标准。

它山之石，可以攻玉。我们常常可以从一些不相关的事物上获得灵感，这就是一种异中求同的归纳能力。当我们能在看来似乎毫无关联的对象中，找出更多的相同道理，也就代表着我们能发掘更多的创意题材。因为这些相通之处，往往是其他人没有发现的，这也正是我们的成功机会。

猪肉和汽车，看似不具有相关性，但是猪肉加工厂的作业流程，却给了汽车工厂一个很好的工作模板。所以，我们也可以常常将这种异中求同的技巧运用在生活上。在我们的工作中，除了多观察同业的做法，异业也是值得观察和学习的对象。一位歌手，可以从一位老师身上看到他在讲台上如何表现，这对自己的舞台表演一定会有所帮助。一位清洁队员和一位大企业的董事长，有什么相通的地方？或许我们可以发现，他们都很节省，或者他们的体力都很好。

索尼公司的卯木肇也是一位善于从无关事件之中寻找相关联系的精英。

20世纪70年代中期，索尼彩电在日本已经很有名气了，但是在美国却不被顾客所接受，因而索尼在美国市场的销售相当惨淡，但索尼公司没有放弃美国市场。后来，卯木肇担任了索尼国际部部长。上任不久，他被派往芝加哥。当卯木肇风尘仆仆地来到芝加哥时，令他吃惊的是，索尼彩电竟然在当地的寄卖商店里蒙满了灰尘，无人问津。

如何才能改变这种既成的印象，改变销售的现状呢？卯木肇陷入了沉思……

一天，他驾车去郊外散心，在归来的路上，他注意到一个牧童正赶着一头大公牛进牛栏，而公牛的脖子上系着一个铃铛，在夕阳的余晖下叮当叮当地响着，后面是一大群牛跟在这头公牛的屁股后面，温驯地鱼贯而入……此情此景令卯木肇一下子茅塞顿开，他一路上吹着口哨，心情格外开朗。想想一群庞然大物居然被一个小孩儿管得服服帖帖的，为什么？还不是因为牧童牵着一头带头牛。索尼要是能在芝加哥找到这样一只“带头牛”商店来率先销售，岂不是很快就能打开局面？卯木肇为自己找到了打开美国市场的钥匙而兴奋不已。

马歇尔公司是芝加哥市最大的一家电器零售商，卯木肇最先想到了它。为了尽快见到马歇尔公司的总经理，卯木肇第二天很早就去求见，但他递进去的名片却被退了回来，原因是经理不在。第三天，他特意选了一个估计经理比较闲的时间去求见，但回答却是“外出了”。他第三次登门，经理终于被他的诚心所感动，接见了他，却拒绝卖索尼的产品。经理认为索尼的产品降价拍卖，形象太差。卯木肇非常恭敬地听着经理的意见，并一再表示要立即着手改变商品形象。

回去后，卯木肇立即从寄卖店取回货品，取消削价销售，在当地报纸上重新刊登大面积的广告，重塑索尼形象。

经过卯木肇的不懈努力，他的诚意终于感动了马歇尔公司，索尼彩电终于挤进了芝加哥的“带头牛”商店。随后，进入家电的销售旺季，短短一个月内，竟卖出700多台。索尼和马歇尔从中获得了双赢。

有了马歇尔这只“带头牛”开路，芝加哥的100多家商店都对索尼彩电群起而销之，不出3年，索尼彩电在芝加哥的市场占有率达到了30%。

不善于运用发散思维和没有敏感度的人，也许很难在小孩子牵牛与寻找开拓市场的方法之间找到什么相关联的因素，就像常人难以想象猪肉加工与汽车制造有什么相通之处一样。但是，亨利·福特与卯木肇在发散思维的运用方面为我们做了一个榜样。由此我们也可以看出，从无关之中找相关联系，需要我们的思维足够灵活，有较强的敏感性，在获取某种外界刺激后能够很快地将该事物与自己所遇到的问题进行联系，这样，不但会有效地解决问题，而且会取得卓越的成绩。

第五十七节　学会以点带面的思维方法

擅长发散思维的人往往会撇开众人常用的思路，尝试多种角度的考虑方式，从他人意想不到的“点”去开辟问题的新解法。所以，在进行发散性的思维训练时，其首要因素便是要找到事物的这个“点”进行扩散。

下面这个故事就是一个巧用特殊“点”的例子。

华若德克是美国实业界的大人物。在他未成名之前，有一次，他带领属下参加在休斯敦举行的美国商品展销会。令他十分懊丧的是，他被分配到一个极为偏僻的角落，而这个角落是绝少有人光顾的。

为他设计摊位布置的装饰工程师劝他干脆放弃这个摊位，因为在这种恶劣的地理条件下，想要成功展览几乎是不可能的。

华若德克沉思良久，觉得自己若放弃这一机会实在是太可惜了。可不可以将这个不好的地理位置通过某种方式化解，使之变成整个展销会的焦点呢?

他想到了自己创业的艰辛，想到了自己受到的展销大会组委会的排斥和冷眼，想到了摊位的偏僻，他的心里突然涌现出偏远非洲的景象，觉得自己就像非洲人一样受着不应有的歧视。他走到了自己的摊位前，心中充满感慨，灵机一动：既然你们都把我看成非洲难民，那我就扮演一回非洲难民给你们看！于是一个计划应运而生。

华若德克让设计师为他营造了一个古阿拉伯宫殿式的氛围，围绕着摊位布满了具有浓郁非洲风情的装饰物，把摊位前的那一条荒凉的大路变成了黄澄澄的沙漠。他安排雇来的人穿上非洲人的服装，并且特地雇用动物园的双峰骆驼来运输货物，此外他还派人定做了大批气球，准备在展销会上用。

展销会开幕那天，华若德克挥了挥手，顿时展览厅里升起无数的彩色气球，气球升空不久自行爆炸，落下无数的胶片，上面写着：“当你拾起这小小的胶片时，亲爱的女士和先生，你的好运就开始了，我们衷心祝贺你。请到华若德克的摊位，接受来自遥远非洲的礼物。”

这无数的碎片洒落在热闹的人群中，于是一传十，十传百，消息越传越广，人们纷纷集聚到这个本来无人问津的摊位前。强烈的人气给华若德克带来了非常可观的生意和潜在商机，而那些黄金地段的摊位反而遭到了人们的冷落。

华若德克为自己找到了一个特殊的“点”，那就是将自己的特殊位置加以利用，赋予新的定位与含义，起到吸引顾客的目的。

发散思维是有独创性的。它表现在思维发生时的某些独到见解与方法，也就是说，对刺激作出非同寻常的反应，具有标新立异的成分。

比如设计鞋子，常规的设计思路是从鞋子的款式、用料着手，进行各种变化，但万变不离其宗。运用发散思维，则可以从鞋子的功能这一特殊的“点”人手。鞋有哪些功能呢?

鞋可以“吃”。当然不是用嘴吃，而是用脚吃。即可以在鞋内加人药物，治疗各种疾病。按此思路下去，可开发出多种预防、治疗疾病的鞋子。

鞋还可以“说话”。设计一种走路的时候会响起音乐的鞋子一定会受到小孩子的欢迎。

鞋可以“扫地”。设计一种带静电的鞋子，在家里走路的时候，可以把尘土吸到鞋底上，使房间在不经意间变干净。

鞋还可以“指示方向”。在鞋子中安装指南针，调到所选择的方向，当方向发生偏离时，便会发出警报，这对野外考察探险的人来说，是很有用处的。

这就是通过鞋子的功能这个“点”挖掘出来的潜在创意。生活中，我们需要细心地观察，找出这个特殊的“点”，由此展开，便可以收到意想不到的效果。

美国推销奇才吉诺·鲍洛奇的一段经历向我们证明了这一理念。

一次，一家贮藏水果的冷冻厂起火，等到人们把大火扑灭，才发现有 18 箱香蕉被火烤得有点发黄，皮上还沾满了小黑点。水果店老板便把香蕉交到鲍洛奇的手中，让他降价出售。那时，鲍洛奇的水果摊设在杜鲁茨城最繁华的街道上。

一开始，无论鲍洛奇怎样解释，都没人理会这些其貌不扬的香蕉。无奈之下，鲍洛奇认真仔细地检查那些变色香蕉，发现它们不但一点没有变质，而且由于烟熏火烤，吃起来反而别有风味。

第二天，鲍洛奇一大早便开始叫卖："最新进口的阿根廷香蕉，南美风味，全城独此一家，大家快来买呀！"当摊前围拢的一大堆人都举棋不定时，鲍洛奇注意到一位年轻的小姐有点心动了。他立刻殷勤地将一只剥了皮的香蕉送到她手上，说："小姐，请你尝尝，我敢保证，你从来没有尝过这样美味的香蕉。"，年轻的小姐一尝，香蕉的风味果然独特，价钱也不贵，而且鲍洛奇还一边卖一边不停地说："只有这几箱了。"于是，人们纷纷购买，18 箱香蕉很快销售一空。

从上述案例中我们可以看出，发散思维有着巨大的潜在能量，它通过搜索所有的可能性，激发出一个全新的创意。这个创意重在突破常规，它不怕奇思妙想，也不怕荒诞不经。它沿着可能存在的点尽量向外延伸，或许，一些由常规思路出发根本办不成的事，其前景便很有可能柳暗花明、豁然开朗。所以，在我们平日的生活中，多多发挥思维的能动性，让它带着我们在思维的广阔天地任意驰骋，或许我们会看到平日见不到的美妙风景。

第五十八节　发散性思维的发散性创造

发散性思维，既无一定的方向，也无一定的范围，不受现代知识的束缚，不受传统知识的局限，允许对思考问题标新立异。在方向上可以海阔天空，异想天开，从已知的领域去探索未知的境界。这是一种开放性思维。因此，不少学者认为，发散思维与创造力有直接联系，是创造性思维的中心，是测定创造力的重要指标之一。培养我们的发散性思维是培养创造力的重要环节，这是时代对每一个现代人的要求。

因为发散思维法的特点是以一点为核心，以辐射状向外散射，所以在生产、生活中，我们可以利用这种思维法来进行发散性的创造。若以一个产品为核心，可以发掘它的各种不同的功能，开发出各种各样的新产品。如围绕电熨斗这个产品，开发出了透明蒸汽电熨斗、自动关熄熨斗、自动除垢熨斗、电脑装置熨斗，等等。这些产品满足了生活中不同人群的不同需求。

下面这个故事也是围绕产品开发的一个典型例子，从中我们可以体会到发散思维法的应用价值。

1956年，松下电器公司与日本另一家电器制造厂合资，设立了大孤精品电器公司，专门制造电风扇。当时，松下幸之助委任松下电器公司的西田千秋为总经理，自己则担任顾问。

这家公司的前身是专做电风扇的，后来又开发了民用排风扇。但即使如此，产品还是显得比较单一。西田千秋准备开发新的产品，试着探询松下的意见。松下对他说：“只做风的生意就可以了。”当时松下的想法，是想让松下电器的附属公司尽可能专业化，以期有所突破。可是松下电器的电风扇制造已经做得相当卓越，完全有实力开发新的领域。但是，松下给西田的却是否定的回答。

然而，聪明的西田并未因松下这样的回答而灰心丧气。他的思维极其灵活而机敏，他紧盯住松下问道："只要是与风有关的任何产品都可以做吗？"

松下并未仔细品味此话的真正意思，但西田所问的与自己的指示很吻合，所以他毫不犹豫地回答说："当然可以了。"

5年之后，松下又到这家工厂视察，看到厂里正在生产暖风机，便问西田："这是电风扇吗？"

西田说："不是，但是它和风有关。电风扇是冷风，这个是暖风，你说过要我们做风的生意，难道不是吗？"

后来，西田千秋一手操办的松下精工的"风家族"已经非常丰富了。除了电风扇、排风扇、暖风机、鼓风机之外，还有果园和茶圃的防霜用换气扇、培养香菇用的调温换气扇、家禽养殖业的棚舍调温系统等。

松下的一句"只做风的生意就可以了"被西田千秋用发散思维发挥到了极致，围绕风开发出了许许多多适合不同市场的优质产品，为松下公司创造了一个又一个的辉煌。这也体现了发散思维的神奇魅力。

依靠发散性的思维进行发散性的创造，也为我们提供了一种发明创造的新模式。

发散思维是创造性思维的一个重要的组成部分，是一种开放性的思维。就像一个光源向四面八方发射一样，思考者从不同方向、方面去思考，所得到的答案肯定也是多个的。其中有些性质相同的，就是同种类的；另有一些是别人都没考虑到的，这就是有独创性的。如果我们把一个普通答案记为1分，那么具有独创性的答案就至少应记为10分。这是因为，这种独一无二、前所未有的答案正是人的创造性思维的本质体现，也是一般人很难做到的。只有经常进行发散思维的训练，才能使人越来越聪明，思维的独创性越来越强。

美国人伯纳姆在现代科学管理的基础上针对创造中的问题提出了著名的

三问：一是能不能取消？二是能不能合并？三是能不能用更简单的东西取代？仿照这三问，我们可以再来几问，这样更有利于我们的思维发散，即当别人充分展开思维的时候，旁人不要随便打断，更不是妄加评判。

创造性思维的关键在于如何进行发散，人与人之间的差别也主要体现在这一点上。有人认为科学家创造能力的大小是和他的发散思维能力成正比的，也就是说，创造能力等于知识量乘以发散思维能力。由此，也可看出发散思维的重要。

正确把握发散思维，一是要保证思维的流畅性，即在思维过程中善于排除干扰，当然，旁人也不应该进行干扰；二是要促进思维的灵活性，即触类旁通、闻一知十；三是要强调思维的独创性，即具有超常的独特见解，不人云亦云，不“炒现饭”。

思维发散的过程，同时也是创意发散的过程。围绕一个中心，将思维无限蔓延，最终即可产生多种创造成果，为生活和工作带来更大的便利和收益。

这里需要说明的是，发散思维的结果并不一定都是有价值的，其中的某些结果可能不是错误的。这些并不影响我们的发散思维，正因为有错误，旁人和自己才能判断出正确；有价值的东西正是通过与无价值的东西的比较才能证实自己的价值。如果因为没有价值或者出现错误，就否定发散思维，那是错误的。当然，我们应当在发散思维的基础上，对其结果适时地进行收敛思维，发散思维和收敛思维的结合将地提高思维的质量。

第五十九节　把事情整个反过来想一下

当你面对一个史无前例的难题，沿着某一固定方向思考而不得其解时，灵活地调整一下思维的方向，从不同角度展开思考，甚至把事情整个反过来想一下，那么就有可能反中求胜，摘得成功的果实。

宋神宗熙宁年间，越州（今浙江绍兴）闹蝗灾。成片的蝗虫像乌云一样，遮天蔽日。所到之处，禾苗全无，树木无叶，一片肃杀景象。当然，这年的庄稼颗粒无收。

当时，新到任的越州知州赵汴，就面临着整治蝗灾的艰巨任务。越州不乏大户之家，他们有积年存粮。老百姓在青黄不接时，大都过着半饥半饱的日子，而一旦遭灾，便缺大半年的口粮。灾荒之年，粮食比金银还贵重，哪家不想存粮活命？一时间，越州米价飞涨。

面对此种情景，僚属们都沉不住气了，纷纷来找赵汴，求他拿出办法来。借此机会，赵汴召集僚属们来商议救灾对策。

大家议论纷纷，但有一条是肯定的，就是依照惯例，由官府出告示压制米价，以救百姓之命。僚属们七嘴八舌，说附近某州某县已经出告示压米价了，我们倘若还不行动，米价天天上涨，老百姓将不堪其苦，甚至会起事造反的。

赵汴听了大家的讨论后，沉吟良久，才不紧不慢地说："今次救灾，我想反其道而行之，不出告示压米价，而出告示宣布米价可自由上涨。""啊？"众僚属一听，都目瞪口呆，先是怀疑知州大人在开玩笑，而后看知州大人蛮认真的样子，又怀疑这位大人是否吃错了药，在胡言乱语。赵汴见大家不理解，笑了笑，胸有成竹地说：“就这么办。起草文书吧！”

官令如山倒，大人说怎么办就怎么办。不过，大家心里都直犯嘀咕：这次救灾肯定会失败，越州将饿殍遍野，越州百姓要遭殃了。这时，附近州县都纷纷贴出告示，严禁私增米价。若有违犯者，一经查出，严惩不贷。揭发检举私增米价者，官府予以奖励。而越州则贴出不限米价的告示，于是，四面八方的米商纷纷闻讯而至。

头几天，米价确实增了不少，但买米者看到米上市得太多，都观望不买。然而过了几天，米价开始下跌，并且一天比一天跌得快。米商们想不卖再运回去，但一则运费太贵，增加成本，二则别处又限米价，于是只好忍痛降价出售。这样一来，越州的米价虽然比别的州县略高点，但百姓有钱可买到米；而别的州县米价虽然压下来了，但百姓排半天队，却很难买到米。所以，这次大灾，越州饿死的人最少，受到朝廷的嘉奖。

僚属们这才佩服了赵汴的计谋，纷纷来请教其中原因。赵汴说：“市场之常性，物多则贱，物少则贵。我们这样一反常态，告示米商们可随意加价，米商们都蜂拥而来。吃米的还是那么多人，米价怎能涨上去呢？”原来奥妙在于此。

很多时候，对问题只从一个角度去想，很可能进入死胡同，因为事实也许存在完全相反的可能。有时，问题实在很棘手，从正面无法解决，这时，假如探寻逆向可能，反倒会有出乎意料的结果。

有一个故事，主人公也是运用了逆向思维的手法而取得了不错的收益。

巴黎的一条大街上，同时住着三个不错的裁缝。可是，因为离得太近，所以生意上的竞争非常激烈。为了能够压倒别人，吸引更多的顾客，裁缝们纷纷在门口的招牌上做文章。一天，一个裁缝在门前的招牌上写上了“巴黎城里最好的裁缝”，结果吸引了许多顾客光临。看到这种情况以后，另一个裁缝也不甘示弱。第二天，他在门口挂出了“全法国最好的裁缝”的招牌，结果同样招揽了不少顾客。

第三个裁缝非常苦恼，前两个裁缝挂出的招牌吸引了大部分的顾客，如果不能想出一个更好的办法，很可能就要成为“生意最差的裁缝”了。但是，什么词可以超过“全巴黎”和“全法国”呢？如果挂出“全世界最好的裁缝”的招牌，无疑会让别人感觉到虚假，也会遭到同行的讥讽。到底应该怎么办？正当他愁眉不展的时候，儿子放学回来了。当他知道父亲发愁的原因以后，笑着说：“这还不简单！”随后挥笔在招牌上写了几个字，挂了出去。

第三天，另两个裁缝站在街道上等着看他们的另一个同行的笑话，但事情却超出了他们的意料。因为，他们发现，很多顾客都被第三个裁缝“抢”走了；这是什么原因？原来，妙就妙在他的那块招牌上，只见上面写着“本街道最好的裁缝”几个大字。

在竞争日趋激烈的今天，人们更需要借助于非常规的思维方式来取胜。在上面的故事中，面对其他人提出的全城和全国的“大”，裁缝的儿子却利用街道的“小”来做文章，并最终取得了胜利。因为在全城或者全国，他不一定是最好的，但在街道这个特定区域里，他就是最好的，而这才是具有绝对竞争力的。

思维逆转本身就是一种灵感的源泉。遇到问题，我们不妨多想一下，能否朝反方向考虑一下解决的办法。反其道而行是人生的一种大智慧，当别人都在努力向前时，你不妨倒回去，做一条反向游泳的鱼，去寻找属于你的道路。

第六十节　不要陷入思维的死胡同

人一旦形成了某种认知，就会习惯地顺着这种思维定式去思考问题，习惯性地按老办法想当然地处理问题，不愿也不会转个方向解决问题，这是很多人都有的一种愚顽的难治之症。这种人的共同特点是习惯于守旧、迷信盲从，所思所行都是唯上、唯书、唯经验，不敢越雷池一步。而要使问题真正得以解决，往往要废除这种认知，将大脑反转过来。

美国有座著名的高层大厦，因客人不断增多，很多人常常被堵在电梯口。大厦主人决定增建一座电梯。电梯工程师和建筑师为此反复勘察了现场，研究再三，决定在各楼层凿洞，再安装一部新电梯。不久，图纸设计好了，施工也已准备就绪。这时，一个清洁工人听说要把各层地板凿开装电梯，便说：

"这可要搞得天翻地覆喽！"

"是啊！"工程师回答说。

"那么，这个大厦也要停止营业了？"

"不错，但是没有别的办法。如果再不安装一部电梯，情况比这更糟。"

"要是我呀，就把新电梯安装在大楼外边。"清洁工不以为然地说。

没料到，这个不以为然的想法，竟成为世界上把电梯安装在大楼外边的首创。

有人也许会问，论知识水平，工程师比清洁工高得多，可为什么想不到这一点呢？说来也不奇怪。原来在这两位工程师的心目中，楼梯不管是木制的、混凝土的还是电动的，都是建在楼内。如今要新增电梯，理所当然也只能建在楼内楼外，他们连想也没想过。

清洁工人却根本没有这个框框，所想的是实际问题怎样才能不影响公司正常营业，而自己也不至于失去工作。于是，便很自然地提出把新电梯建在楼外的想法。

言者无意，听者有心。清洁工的一句话打破了两位工程师的思维习惯，开通了他们的创新思路。世界上第一部大楼外安装的电梯就这样诞生了。

事实表明，一个人只要陷入思维定式，他的思维便会自我封闭。要想突破束缚和禁锢，提高自己的思维能力，就必须时刻注意反转你的大脑。

有一家旅馆的经理，对于旅馆内的一些物品经常被住宿的旅客顺手牵羊的事情感到头痛，却一直拿不出有效的对策。

他嘱咐属下在客人到柜台结账时，要迅速派人去房内查看是否有什么东西不见了。结果客人都在柜台前等待，直到房务部人员查清楚之后才能结账，不但结账太慢，而且觉得面子挂不住，下一次再也不住这个旅馆了。

旅馆经理觉得这样下去不是办法，于是召集了各部门主管，想想有什么更好的法子，能制止旅客顺手牵羊。

几个主管围坐在一起冥思苦想了一番。一位年轻主管忽然说："既然旅客喜欢，为什么不让他们带走呢？"

旅馆经理一听瞪大了眼睛，这是哪门子的馊主意？

年轻主管急忙挥挥手表示还有下文，他说："既然顾客喜欢，我们就在每件东西上标价，说不定还可以有额外收入呢！"

大家眼睛都亮了起来，兴奋地按计划进行。

有些旅客喜欢顺手牵羊，并非蓄意偷窃，而是因为很喜欢房内的物品，下意识觉得既然付了这么贵的房租，为什么不能取回家做纪念品，而且又没明文规定哪些不能拿，于是，就故意装糊涂拿走一些小东西。

针对这一点，这家旅馆给每样东西都标上了标价，说明客人如果喜欢，可以向柜台登记购买。在这家旅馆之内，忽然多出了好多东西，像墙上的画、手工艺品、有当地特色的小摆饰、漂亮的桌布，甚至柔软的枕头、床罩、椅子等用品都有标价。如此一来，旅馆里里外外都布置得美轮美奂，给客人们的印象好极了。

这家旅馆的生意竟然越来越好了！

反转大脑，要求我们深入考察问题，发现问题的根源所在。就像文中这位年轻的主管，他发现客人顺手牵羊并非想占便宜，而是真心喜欢旅馆的装饰品，那么，解决的方法就很简单了：明码标价，卖给他们就行了。在平时的工作学习中，我们也不要让自己陷入思维的死胡同，要懂得适时反转自己的大脑，运用逆向思维，以使问题获得解决。

第六十一节　倒过来想可以拓展思维广度

很多时候，我们只从一个角度去想事情，很可能无法寻求到解决问题的有效方法。甚至有些时候。问题非常棘手，从正面或侧面根本没法解决。这个时候，如果你试着倒过来想，没准就会有出乎意料的惊喜！

古时候，一位老农得罪了当地的一个富商，被其陷害关入了大牢。当地有这样一项法律：当一个人被判死刑，还可以有一次拈阄的机会，只有生死两签，要么判处死刑，要么救下一命，改为流放。

陷害老农的富商怕这个老农运气好，抓了个生签，便决定买通制阄人，要两签均为“死”。老农的女儿探知这一消息，大为震惊，认为父亲必死无疑。但老农一听此事，反倒喜形于色：“我有救了。”执行之日，老农果然轻易得活，让家人和陷害者大惊失色。

他用的是什么方法呢？原来，当要拈阄时，老农随便抓一个往口里一丢，说：“我认命了，看余下的是什么吧？”结果打开一看，确实是“死”。制阄人自然不敢说自己造了假，于是断定其所抓之阄是“生”。老农死里逃生。

这就是倒过来想的魅力。在遇到问题时，多从对立面想一想，既能把坏事变好事，又能发现许多创造的良机。

20世纪60年代中期，全世界都在研究制造晶体管的原料——锗，大家认为最大的问题是如何将锗提炼得更纯。

索尼公司的江崎研究所，也全力投入了一种新型的电子管研究。为了研究出高灵敏度的电子管，人们一直在提高锗的纯度上下工夫。当时，锗的纯度已达到了99.9999999%，要想再提高一步，真是比登天还难。

后来，有一个刚出校门的黑田由子小姐，被分配到江崎研究所工作，担任提高锗纯度的助理研究员。这位小姐比较粗心，在实验中老是出错，免不了受到江崎博士的批评。后来，黑田小姐发牢骚说：“看来，我难以胜任这提纯的工作，如果让我往里掺杂质，我一定会干得很好。”

不料，黑田小姐的话突然触动了江崎的思绪，如果反过来会如何呢？于是，他真的让黑田小姐一点一点地向纯锗里掺杂质，看会有什么结果。

于是，黑田小姐每天都朝相反的方向做实验，当黑田把杂质增加到 1 000 倍的时候（锗的纯度降到了原来的一半），测定仪器上出现了一个大弧度的局限，几乎使她认为是仪器出了故障。黑田小姐马上向江崎报告了这一结果。江崎又重复多次这样的试验，终于发现了一种最理想的晶体。接着，他们又发明出自动电子技术领域的新型元件，使用这种电子晶体技术，电子计算机的体积缩小到原来的 1/4，运行速度提高了 10 多倍。此项发明一举轰动世界，江崎博士和黑田小姐分别获得了诺贝尔物理学奖和民间诺贝尔奖。

倒过来想就是如此神奇，看似难以解决的问题，从它的反面来考虑，立刻迎刃而解了。这种方法不只适用于科学研究，在企业经营中也能催生出一些好的策略。

北京某制药企业刚刚生产一种特效药，价钱比较高，企业又没有很多预算做广告和促销，所以销量一直不是很高。有一天，企业在运货过程中无意将一箱药品丢失，面临几万元的损失。

面对这样一个突发事件，企业的领导层没有简单地惩罚当事人了事，而是将问题倒过来想，试图从问题的反方向来解决，并迅速形成了一个意在营销的决策：马上在各个媒体上发表声明，告诉公众自己丢失了一箱某种品牌的特效药，价值名贵，疗效显著，但是需要在医生指导下服用，因此企业本着对消费者负责的态度，希望拾到者能将药品送回或妥善处理而不要擅自服用。

企业最终并没有找到丢失的药品，但是声明过后，通过媒体、读者茶余饭后的口口相传，消费者对该药品、品牌和企业的认识度与信赖感明显提高。很快，药品的知名度和销量迅速上升，这个创意为企业创造的效益已经远远高于丢失药品导致的损失了。

倒过来想的方法可以拓展我们的思维广度，为问题的解决提供一个新的视角。我们已经习惯了正着想问题的思维模式，偶尔尝试着倒过来想，也许你会收到柳暗花明又一村的效果。

第六十二节　反转型逆向思维法

反转型逆向思维法是指从已知事物的相反方向进行思考，寻找发明构思的途径。所谓事物的相反方向，就是从事物的功能、结构、因果关系等三个方面作反向思维。比如，市场上出售的无烟煎鱼锅就是把原有煎鱼锅的热源由锅的下面安装到锅的上面，这是利用逆向思维，对结构进行反转型思考的产物。

火箭首先是以往上发射的方式出现的，后来，前苏联工程师米海依却运用此方法，终于设计、研究成功了往下发射的钻井火箭、穿冰层火箭、穿岩石火箭等，统称为钻地火箭。科技界把钻地火箭的发明视为引起了一场穿地手段的革命。

原来的破冰船起作用的方式都是由上向下压，后来有人运用反转型逆向思维法，研制出了潜水破冰船。这种破冰船将由上向下压改为从下往上顶，既减少了动力消耗，又提高了破冰效率。

隧道挖掘的传统的方法是先挖洞，挖过一段距离后便开始打木桩，用以支撑洞壁，然后再继续往前挖。有了一段距离后，再用木桩支撑洞壁，这样一段一段连接起来，便成了隧道。这样的挖法，要是碰上坚硬的岩石算是走运，一旦碰上土质疏松的地段麻烦就大了。有时还会造成塌方而把已经挖好的隧道堵死，甚至会有人员伤亡。

美国有一位工程师解决了这一难题。他对原有的挖掘方法采取了倒过来想的思考方式，对挖掘隧道的过程采取颠倒的做法：先按照隧道的形状和大小，挖出一系列的小隧道，然后往这些小隧道内灌注混凝土，使它们围拢成一个大管子，形成隧道的洞壁。

洞壁确定以后，接下来再用打竖井的方法挖洞。实践证明，这种先筑洞壁、后挖洞的新方法，不仅可以避免洞壁倒塌，而且可以从隧道的两头同时挖掘，既省工又省时，效果非常显著，世界上许多国家都采纳了这一方法。

反转型逆向思维法针对事物的内部结构和功能从相反的方向进行思考，对于事物结构与功能的再造有着突出的作用。它的应用范围很广泛，商业办公中常用的防影印纸便是这种思维方法下的产物。

反转型逆向思维法在发明应用实践中，有的是方向颠倒，有的则是结构倒装，或者功能逆用。运用这种思维方法时，首要的是找准“正”与“反”两个对立统一的思维点，然后再寻找突破点。像大与小、高与低、热与冷、长与短、白与黑、歪与正、好与坏、是与非、古与今、粗与细、多与少等，都可以构成逆向思维。大胆想象，反中求胜，均可收获创意的珍珠。

第六十三节　转换型逆向思维法

转换型逆向思维法是指在研究问题时，由于解决某一问题的手段受阻，而转换成另一种手段，或转换思考角度，以使问题顺利解决的思维方法。

有这样一则故事：

一位犹太大富豪走进一家银行。

“请问先生，您有什么事情需要我们效劳吗？”贷款部营业员一边小心地询问，一边打量着来人的穿着：名贵的西服、高档的皮鞋、昂贵的手表，还有镶宝石的领带夹……“我想借点钱。”“完全可以，您想借多少呢？”“1 美元。”“只借 1 美元？”贷款部的营业员惊愕地张大了嘴巴。“我只需要 1 美元。可以吗？”贷款部营业员的大脑立刻高速运转起来，这人穿戴如此阔气，为什么只借 1 美元？他是在试探我们的工作质量和服务效率吧？他装出高兴的样子说：“当然，只要有担保，无论借多少，我们都可以照办。”

“好吧。”犹太人从豪华的皮包里取出一大堆股票、债券等放在柜台上，“这些作担保可以吗？”

营业员清点了一下：“先生，总共 50 万美元，作担保足够了，不过先生，您真的只借 1 美元吗？”

“是的，我只需要 1 美元。有问题吗？”

“好吧，请办理手续，年息为 6%，只要您付 6% 的利息，且在一年后归还贷款，我们就把这些作担保的股票和证券还给您。”

犹太富豪办完手续正要走，一直在一边旁观的银行经理怎么也弄不明白，一个拥有 50 万美元的人，怎么会跑到银行来借 1 美元呢？

他追了上去："先生，对不起，能问您一个问题吗？"

"当然可以。"

"我是这家银行的经理，我实在弄不懂，您拥有 50 万美元的家当，为什么只借 1 美元呢？"

"好吧，我不妨把实情告诉你。我来这里办一件事，随身携带这些票券很不方便，问过几家金库，要租他们的保险箱租金都很昂贵。所以我就到贵行将这些东西以担保的形式寄存了，由你们替我保管，况且利息很低，存一年才不过 6 美分。"

经理这才如梦方醒，但他也十分钦佩这位先生，他的做法实在太高明了。

这位犹太富豪巧妙地运用了转换型逆向思维法，为了规避昂贵的租金，他转换另一种手段，从反方向思考，将随身财物作为贷款抵押，每年只需付极少的利息，就轻松地解决了问题。

这是一种非同寻常的智慧，需要我们的思路保持一定的灵活性，不受传统观念或习惯所拘束。据说，鞋子的产生也源于转换型逆向思维法的运用。

很久以前，还没有发明鞋子，所以人们都赤着脚，即使是冰天雪地也不例外。有一个国家的国王喜欢打猎，他经常出去打猎，但是他进出都骑马，从来不徒步行走。

有一回他在打猎时偶尔走了一段路，可是真倒霉，他的脚让一根刺扎了。他痛得"哇哇"直叫，把身边的侍从大骂了一顿。第二天，他向一个大臣下令：一星期之内，必须把城里大街小巷统统铺上毛皮。如果不能如期完工，就要把大臣绞死。一听到国王的命令，那个大臣十分惊讶。可是国王的命令怎么能不执行呢？他只得全力照办。大臣向自己的下属官吏下达命令，官吏们又向下面的工匠下达命令。很快，往街上铺毛皮的工作就开始了，声势十分浩大。

铺着铺着就出现了问题，所有的毛皮很快就用完了。于是，不得不每天宰杀牲口。一连杀了成千上万的牲口，可是铺好的街还不到百分之一。

离限期只有两天了，急得大臣消瘦了许多。大臣有一个女儿，非常聪明。她对父亲说："这件事由我来办。"

大臣苦笑了几声，没有说话。可是姑娘坚持要帮父亲解决难题。她向父亲讨了两块皮，按照脚的模样做了两只皮口袋。

第二天，姑娘让父亲带她去见国王。来到王宫，姑娘先向国王请安，然后说："大王，您下达的任务，我们都完成了。您把这两只皮口袋穿在脚上，走到哪儿去都行。别说小刺，就是钉子也扎不到您的脚！"

国王把两只皮口袋穿在脚上，然后在地上走了走。他为姑娘的聪明而感到惊奇，穿上这两只皮口袋走路舒服极了。

国王下令把铺在街上的毛皮全部揭起来。很快，揭起来的毛皮堆成了一座山，人们用它们做了成千上万双鞋子，而且想出了许多不同的样式。

许多人遇到问题便为其所困，找不到解决的办法，实际上，如果能换个角度看问题，有时一个看似很困难的问题也可以用巧妙的方法轻松解决。这就需要我们在生活中培养这种多角度看问题的能力。

第六十四节　缺点逆用思维法

缺点逆用思维法是一种利用事物的缺点，将缺点变为可利用的东西，化被动为主动，化不利为有利的思维方法。

美国的饭桶演唱队就是运用缺点逆用思维法，炒作自己的缺点，从而一举成名的。

饭桶演唱队的前身是三人迪斯科演唱队，由三名肥胖得出奇的小伙子组成。演唱的题材大多是关于食品、吃喝和胖子等笑料，很受市民欢迎。有一次在欧洲演出，有家旅店的经理见他们个个又肥又胖，穿上又宽又大的演出服，简直与三只大桶一般无二，于是嘲笑他们，建议他们创作一首饭桶歌唱唱，说这会相得益彰。经理本是奚落嘲弄，三个胖小伙也着实又恼又怒，但恼怒之后便兴高采烈了。对，肥胖就肥胖，干脆将三人迪斯科演唱队改为三人饭桶演唱队，而且即兴创作了《饭桶歌》。第一天演唱便赢得了观众如雷的掌声。三人录制的《三个大饭桶》唱片，一上市便是10万张，几天即被抢购一空。

从这个故事可以看出来，缺点固然有其不足的一面，但发现缺点、认定缺点、剖析缺点并积极地寻求克服或者利用它的方法往往能创造一个契机，找到一个出发点。俗话说得好，有一弊必有一利，利弊关系的这种统一属性，正是新事物不断产生的理论和实践基础。

法国有一名商人，在航海时发现海员十分珍惜随船携带的淡水，自然知道了浩渺无垠的辽阔大海尽管气象万千，但大海的水却可望而不可喝。应当说，这是海水的缺点，几乎所有的人都了解这一点。商人却认真地注意起这个大海的缺点来，它咸，它苦，与清甜的山泉相比，简直不能相提并论，难道它当真只能被人们所厌恶？想着想着，他突发奇想，如果将苦咸的海水当做辽阔而深沉的大海奉献给从未见过大海的人们，又会怎样呢？于是他用精巧的器皿盛满海水，作为“大海”出售，而且在说明书中宣称：烹调美味佳肴时，滴几滴海水进去，美食将更添特殊风味。反响是异乎寻常的强烈，家庭主妇们将“大海”买去，尽情观赏之后，让它一点一滴地走上餐桌，她们为此乐不可支。

这种在缺点上做文章、由缺点激发创意的方法越来越广泛地被应用，也取得了较好的结果。在运用此方法时，我们还应注意对缺点保持一种积极而审慎的态度，还可以尝试使事物的缺点更加明显，也许会收到物极必反的效果。

曾有个纺纱厂因设备老化，造成织出的纱线粗细不匀，眼看就要产生一批残品，遭受到重大的损失，老板很是头痛。

这时，一位职员提出，不如将错就错，将纱线制成衣服，因为纱线有粗有细，衣服的纹路也不同寻常，也许会受到消费者的欢迎。

老板觉得有道理，便听从了职员的建议。果然，这样制成的衣服具有古朴的风格，相当有个性，很受大众的欢迎，推出不久便销售一空。就这样，本会赔本的残品却卖出了好价钱，获得了更多的利润。

其实，任何事物都没有绝对的好与坏，从一个角度看是缺点，换一个角度看也许就变成了优点，对这一缺点加以合理利用，就可以收到化不利为有利的效果。

第六十五节　互为因果的反面求证法

某些事物是互为因果的，从这一方面，可以探究到另一与其对立的方面。

据说爱因斯坦设计过一个智力测验的题目：

有一个土耳其商人，想要雇用一名得力的助手，他想到了一个测试方法，由前来应聘的两位应聘者之中，选择一位最聪明的人作为助手。

他让A和B同时进入一间没有窗户，而且除了地上的一个盒子外，空无一物的房间内。商人指着盒子对两个人说："这里有五顶帽子，有两顶是红色的，三顶是黑色的，现在我把电灯关上，我们三个人从盒子里每人摸出一顶帽子戴在头上，戴好帽子打开灯后，你们要迅速地说出自己所戴帽子的颜色。"

灯关了后，两人都看到商人的头上是一顶红帽子，又对望了一会儿，都迟疑地不敢说出自己头上的帽子是什么颜色。

忽然，B叫一声："我戴的是黑帽子！"

为什么呢？

土耳其商人的头上是顶红帽子，那么就还剩下一顶红帽子和三顶黑帽子。B见A迟疑着无法立刻说出答案，所以就认定了自己头上是顶黑帽子。因为如果B头上是顶红帽子，那么A就会马上说他头上戴的是黑帽子，怎么会迟疑呢？

B假定自己头上戴的是红帽子，但是发现对方在迟疑，于是得到了答案。

这个推理就是由结果向前推的逆向思维，这种方法在发明创造方面也发挥着重要的作用。

1877年8月的一天，美国大发明家爱迪生为了调试电话的送话器，在用一根短针检验传话膜的振动情况时，意外地发现了一个奇特的现象：手里的针一接触到传话膜，随着电话所传来声音的强弱变化，传话膜产生了一种有规律的颤动。这个奇特的现象引起了他的思考，他想：如果倒过来，使针发生同样的颤动，不就可以将声音复原出来，不也就可以把人的声音贮存起来吗?

循着这样的思路，爱迪生着手试验。经过4天4夜的苦战，他完成了留声机的设计。爱迪生将设计好的图纸交给机械师克鲁西后不久，一台结构简单的留声机便制造出来了。爱迪生还拿它去当众做过演示，他一边用手摇动铁柄，一边对着话筒唱道："玛丽有一只小羊，它的绒毛白如霜……"然后，爱迪生停下来，让一个人用耳朵对着受话器，他又把针头放回原来的位置，再摇动手柄，这时，刚才的歌声又在这个人的耳边响了起来。

留声机的发明，使人们惊叹不已。报刊纷纷发表文章，称赞这是继贝尔发明电话之后的又一伟大创造，是19世纪的又一个奇迹。

爱迪生的成功，就在于他有了这样一种互为因果的思路：声音的强弱变化使传话膜产生了一种有规律的颤动，如果倒过来，使针发生同样的颤动，就可以将声音复原出来，因而也就可以把声音贮存起来。

这实际上是一种互为因果的反面求证法。当我们遇到同样情况的时候，就可以尝试从反面来推其因果，说不定也会有类似的创造成果产生。

第六十六节　问题改变后就便于驾驭

一件事情如果找不到解决的办法怎么办？一般的人也许会告诉你："那只能放弃了。"但善于运用逆向思维的杰出人士却会这样说："找不到办法，那就改变问题！"

在19世纪30年代的欧洲大陆，一种方便、价廉的圆珠笔在书记员、银行职员甚至是富商中流行起来。制笔工厂开始大量生产圆珠笔。但不久却发现圆珠笔市场严重萎缩，原因是圆珠笔前端的钢珠在长时间的书写后，因摩擦而变小，继而脱落，导致笔芯内的油泄漏出来，弄得满纸油渍，给书写工作带来了极大的不便。人们开始厌烦圆珠笔，不再用它了。

一些科学家和工厂的设计师们为了改变笔筒漏油这种状况，做了大量的实验。他们都从圆珠笔的珠子入手，实验了上千种不同的材料来做笔前端的圆珠，以求找到寿命最长的圆珠，最后找到了钻石这种材料。钻石确实很坚硬，不会漏油，但是钻石价格太贵，而且当油墨用完时，这些空笔芯怎么办？为此，解决圆珠笔笔芯漏油的问题一度搁浅。后来，一个叫马塞尔·比希的人却很好地将圆珠笔做了改进，解决了漏油的问题。

马塞尔·比希的成功是得益于一个想法：既然不能延长圆珠的寿命，那为什么不主动控制油墨的总量呢？于是，他所做的工作只是在实验中找到一颗钢珠在书写中的最大用油量，然后每支笔芯所装的油都不超过这个最大用油量。经过反复的试验，他发现圆珠笔在写到两万个字左右时开始漏油，于是就把油的总量控制在能写一万五六千个字。超出这个范围，笔芯内就没有油了，也就不会漏油了，结果解决了这个大难题。这样，方便、价廉又卫生的圆珠笔又成了人们最喜爱的书写工具之一。

马塞尔·比希发现解决足够结实又廉价的圆珠这个问题比较困难，便将问题转换为控制最大用油量，运用逆向思维使原本棘手的问题得到了巧妙的规避，并且不需要耗费多大的精力和财力。

无论你做了多少研究和准备，有时事情就是不能如你所愿。如果尽了一切努力，还是找不到一种有效的解决办法，那就试着改变这个问题。

彼得·蒂尔在离开华尔街重返硅谷的时候学到了这一课。

当时，互联网正飞速发展，无线行业也即将蓬勃发展，于是，彼得与马克斯·莱夫钦一起创办了一家叫 FieldLink（马克斯·列夫琴）的新公司。

这两位创业者相信，无线设备加密技术会是一个成长型市场。但是，他们老早就碰到了问题，最大的障碍是无线运营商的抵制。尽管运营商知道移动设备加密的必要性，但是 FieldLink 是一个名不见经传的新企业，没有定价权，也没有讨价还价的砝码，而且还有许多其他公司试图做这一行，所以 FieldLink 对运营商的需要超过了运营商对它的需要。

另一个问题是可用性。早期的无线浏览器很难使用，彼得和马克斯在这上面无法找到他们认为顾客需要的那种功能。这些挫折将他们引入了一个新的方向。他们不再试图在他们无法控制的两件事，即困难的无线界面和无线运营商的集权上抗争，转而致力于一个更简单的领域——通过 E-maU 进行支付。

当时，美国有 1.4 亿人有 E-mail（电子邮箱），但是只有 200 万人有能联网的无线设备。除了提供更大的潜在市场外，E-mail 方案还消除了与大公司合作的必要性。同样重要的是，E-mail 使他们能够以一种直观而容易的形式呈现他们的支付方案，而用无线设备上的小屏幕无法做到这一点。

他们将公司的名字改成 PayPal（宝贝），推出了一项基于 E-mail 的支付服务。为了启动这项服务，彼得决定，只要顾客签约使用 PayPal，就给顾客 10 美元的报酬；每推荐一个朋友参加，再给他 10 美元。“当时这样做看起来简直是疯了，但这是拥有顾客的一个便宜法子。”他解释说，“而且我们拥有的这类顾客其实价值更大，因为他们在频繁使用这个系统。这要比通过广告宣传得到 100 万随机顾客要好”。

PayPal 迅速取得了成功。在头 6 个月里，有 100 多万人签约使用这项新的支付服务。由于容易使用，界面友好，PayPal 迅速成为 eBay（易趣）上的支付系统，急剧发展起来。当他们决定关掉无线业务的时候，有 400 万顾客在使用 PayPal，而只有 1 万顾客在使用其无线产品。尽管 eBay 内部有一个名为 Billpoint（电子港湾）的支付服务，但是 PayPal 仍然是在线支付领域无可争议的领袖。PayPal，后来上市了，eBay 最终以 15 亿美元买下了 PayPalo。如果彼得和马克斯坚持他们最初的计划，故事的结局就会截然不同了。

为问题寻找到合适的解决办法是通常所用的正向思维思考方式，但是，当难以找到解决途径时，实际上，也许最好的解决办法就是将问题改变，改变成我们能够驾驭的、善于解决的，这也是逆向思维的巧妙运用。

第六十七节　倒后推理作出的计划

每个人在儿时都会种下美好的梦想的种子，然而有的梦想能够生根、发芽、开花、结果，而有的梦想却真的成了儿时的一个梦，一个永远也实现不了的梦。

为什么会有这样的区别呢？我们抛却成功的其他因素就会发现，有没有一个合理的计划是决定成败的一个关键因素。

也许有人会说，梦想是遥远的，我又怎能知道自己具体要做什么来能达到目标呢？那么，不妨常常使用逆向思维，将你的目标倒挂，对理想进行倒向推理。

曾经创下台湾空前的震撼与模仿热潮的歌手李恕权，是唯一获得格莱美音乐大奖提名的华裔流行歌手，同时也是 Billboard 杂志排行榜上的第一位亚洲歌手。他在《挑战你的信仰》一书中，详细讲述了自己成功历程中的一个关键情节。

1976 年的冬天，19 岁的李恕权在休斯敦太空总署的实验室里工作，同时也在休斯敦大学主修计算机。纵然学校、睡眠与工作几乎占据了他大部分时间，但只要稍微有空余的时间，他总是会把所有的精力放在音乐创作上。

一位名叫凡内芮的朋友在他事业起步时给了他最大的鼓励。凡内芮在得州的诗词比赛中不知得过多少奖牌。她的写作总是让他爱不释手，他们合写了许多很好的作品。

一个星期六的早上，凡内芮又热情地邀请李恕权到她家的牧场烤肉。凡内芮知道李对音乐的执著。然而，面对那遥远的音乐界及整个美国陌生的唱片市场，他们一点门路都没有。他们两个人坐在牧场的草地上，不知道下一步该如何走。突然间，她冒出了一句话：

“想想你5年后在做什么。”

她转过身来说：“嘿！告诉我，你心目中‘最希望’5年后的你在做什么，你那个时候的生活是一个什么样子？”他还来不及回答，她又抢着说：“别急，你先仔细想想，完全想好，确定后再说出来。”李恕权沉思了几分钟，告诉她说：“第一，5年后，我希望能有一张唱片在市场上发行，并且这张唱片很受欢迎，可以得到许多人的肯定。第二，我住在一个有很多很多音乐的地方，能天天与一些世界一流的乐师一起工作。”凡内芮说：“你确定了吗？”他十分坚定地回答，而且是拉了一个很长的“是——”！

凡内芮接着说：“好，既然你确定了，我们就从这个目标倒算回来。如果第五年，你有一张唱片在市场发行，那么你的第四年一定是要跟一家唱片公司签上合约。那么你的第三年一定是要有一个完整的作品，可以拿给很多很多的唱片公司听，对不对？那么你的第二年，一定要有很棒的作品开始录音了。那么你的第一年，就一定要把你所有要准备录音的作品全部编曲，排练就位准备好。那么你的第六个月，就是要把那些没有完成的作品修饰好，然后让你自己可以逐一筛选。那么你的第一个月就是要有几首曲子完工。那么你的第一个礼拜就是要先列出一整个清单，排出哪些曲子需要完工。”

最后，凡内芮笑着说：“好了，我们现在不就已经知道你下个星期一要做什么了吗？”

她补充说：“哦，对了。你还说你5年后要生活在一个有很多音乐的地方，然后与许多一流的乐师一起工作，对吗？如果你的第五年已经在与这些人一起工作，那么你的第四年照理应该有你自己的一个工作室或录音室。那么你的第三年，可能是先跟这个圈子里的人在一起工作。那么你的第二年，应该不是住在得州，而是已经住在纽约或是洛杉矶了。”

> 1977年，李恕权辞掉了太空总署的工作，离开了休斯敦，搬到洛杉矶。说来也奇怪，虽然不是恰好5年，但大约可说是第六年的1982年，他的唱片在台湾及亚洲地区开始畅销起来，他一天24小时几乎全都忙着与一些顶尖的音乐高手一起工作。他的第一张唱片专辑《回》首次在台湾由宝丽金和滚石联合发行，并且连续两年蝉联排行榜第一名。

这就是一个5年期限的倒后推理过程。实际上还可以延长或缩短时间跨度，但思路是一样的。

当你在为手头的工作而焦头烂额的时候，一定要停下手来，静静地问一下自己：5年后你最希望得到什么？哪些工作能够帮助你达到目标？你现在所做的工作有助于你达到这个目标吗？如果不能，你为什么要做？如果能，你又应该怎样安排？想想为达到这个目标你在第四年、第三年、第二年应做到何种程度？那么，你今年要取得什么成绩？最近半年应该怎样安排？一直推算到这个月、这个星期你应该做什么。当你的目标足够明确，按照倒后推理设置出的计划行事，相信你距离实现梦想已不再遥远。

第六十八节　从反向刺激消费者购买欲

著名的推销专家、犹太人维克多曾出席一个推销培训会。在会上，一位名叫比尔的学员突然问他："维克多博士，你被人们誉为全球最好的推销员，那么，现在，我想让你向我推销一些东西。"

"你希望我向你推销什么呢？"维克多微笑着问。

比尔大吃一惊，有些人在听到上述的话后，可能会不停地说一大堆，比如开始说一些推销的行话，而维克多却紧接着就开始提问而非对自己的问题进行解释。

"哦，就给我推销这个桌子吧。"比尔想了一会儿回答说。

话音刚落，维克多又提出了另一个看起来似乎很天真的问题："你为什么要买它呢？"

比尔再一次感到吃惊，他看着桌子回答说："这张桌子看上去很新，外形也美观，而且色彩也很鲜艳。除此之外，最近，我们刚刚搬到这个新摄影棚，暂时还不想处理掉。"

维克多对此不作说明，却让比尔自己说出购买的原因及为什么看中这个桌子。

"比尔，你愿意花多少钱买下这个桌子呢？"维克多接着说。

比尔听后似乎显得有点迷惑不解，他说："最近我还没有买过桌子，但是，这个桌子这么漂亮，体积又这么大，我想我会花 18 美元或 20 美元买下来。"

维克多听到这句话后，马上接过话题说："那么，比尔，我就以 18 美元的价格把这个桌子卖给你。"这样，交易就结束了。

不愧是推销专家，他巧妙地将向顾客正面推销产品的过程逆转成了顾客主动赞美产品、主动询问的过程。这其中，他成功地运用了反向推销法，这正是逆向思维在商业领域的有效运用。

在经营中，大部分商家都讲究薄利多销，以降低价格来吸引顾客，但一味降低价格会使自己的产品混入便宜货的大军中，凸显不出特色，这时，不妨运用逆向思维，来勾起消费者的购买兴趣。

美国纽约的第42大街上，有个生产经营服装的犹太商人鲁尔开设的经销店，门面不大，生意不是很好。鲁尔专门聘请的高级设计师精心设计的世界最新流行款式的牛仔服首次上市销售。他对这一产品倾注了很大的心血，希望就此改变自己经营不景气的状况。为此，他投入了6万美元的资金，首批生产了1 000件，成本为每件56美元。为了尽快把市场打开，他采取了低额定价策略，把每件定为80美元，这样的价格在服装产品中算是比较低的了。鲁尔心想，凭着低廉的价格和新颖的款式，今天一定会开门大吉，小赚一笔。

鲁尔亲临阵前指挥，大张旗鼓地叫卖了半个月，购买者还是没有多少。鲁尔非常着急，他把心一横，每件下降10美元销售，又高声叫卖了半个月，购买者还是没有增多。鲁尔认为价格还是不够低，于是又降低了10美元的价格，这可接近于跳楼价了，但销售状况还是不见好。干脆大甩卖吧，工本费也不要了，每件50美元，实行赔本清仓，可除了吸引了不少看客外，连原来还有几个顾客的情形也更加不如了，购买者落花流水春去也，不再光顾。

鲁尔一直在冥思苦想该用什么样的方法使自己的产品能够畅销，最后，他决定不再降价和叫卖了，而是让人在店前挂出"本店销售世界最新款式牛仔服，每件400美元"的广告牌。广告牌一挂出，立刻吸引了不少的购买者，他们陆陆续续来到店里，兴致盎然地挑选起来。工夫不大，就卖出了七八件，并且随后的销售状况也越来越好，生意非常兴隆。一个月过去了，鲁尔手上的1 000件牛仔服已经全部销售一空。差点血本全无的鲁尔，利用逆向思维转瞬之间发了横财，使他不亦乐乎。

鲁尔的世界最新款式的牛仔服，销售的对象主要是那些喜欢赶时髦的年轻人。他们的购买心理是讲究商品的高质量、高档次和时髦新颖，对服装的需求不限于新潮，而且讲求派头，使自己的虚荣心和爱美之心达到最大限度的满足。虽然鲁尔的牛仔服款式新颖，但因为开始定价太低，顾客便误以为价格低的产品就是次品，穿到身上有失体面；当后来价格抬高10倍时，他们便以为价高而货真，因而踊跃购买。

由此可见，在经商中不仅要正面迎合消费者的需求，在适当的时候，也可以尝试着从反向刺激消费者的购买欲望，这也是种不错的经营策略。

第六十九节　像锁链那样展开来联想

有一种说法：“如果大风吹起来，木桶店就会赚钱。”

这两者是怎么联想起来的呢?

原来它经历了下面的思维过程：当大风吹起来的时候，沙石就会满天飞舞，这会导致瞎子的增加，从而琵琶师傅也会增多，越来越多的人会以猫的毛代替琵琶弦，因而猫会减少，结果老鼠的数量就会大大增加。由于老鼠会咬破木桶，所以做木桶的店就会赚钱了。

上面的每一段联想都十分合理，而获得的结论却大大出乎人们的意料。

由风想到沙石，又联想到致瞎，再联想到琵琶师傅，之后联想到猫毛；再联想到老鼠猖獗，联想到老鼠咬破木桶，最后联想到木桶店赚钱。这样一环紧扣一环，如一条连接着许多环节的锁链般的联想，我们称之为连锁联想。

连锁联想法在生活中有许多应用实例，“天厨味精”的命名过程就体现了这种方法的智慧。

吴蕴初，江苏嘉定人，是我国著名的“味精大王”。当年，在为其出产的味精命名时，他颇费了一番脑筋。

在此之前，中国不能生产味精，占领中国市场的是日本的“味之素”。吴蕴初不想用这个名，那又取个什么名字好呢?

人们把最香的东西叫香精，把最甜的东西叫糖精，那把味道最鲜的东西就叫味精吧。他接着又想，生产的味精该叫什么牌子呢？他由味精是植物蛋白质制成的，是素的东西，联想到吃素的人；由吃素的人，他联想到他们一般都信佛；住在天上，为佛制作珍奇美味的厨师自然是最好的，于是他决定将他的味精取名为“天厨味精”。

天厨牌味精问世后，通过声势浩大的广告宣传，以及后来正好适应国人抵制日货的反日情绪，完全国货的天厨味精，不久便打开了国内市场。

天厨味精由此声名鹊起。

发明创造也是一个链条，运用连锁联想取得的发明成果也是一串一串的。从中我们也可以看到联想的方法和诀窍。

1493年，哥伦布在美洲的海地岛发现当地儿童都喜欢把天然生橡胶像捏泥丸一样捏成一团，捏成弹力球。哥伦布将这种树木引入了欧洲。但是，这种生橡胶的性能不太好，受热易变形、发黏，受冷又易发脆。因此，它的功能受到了局限。

后来，美国的一个发明家在橡胶里加入了硫黄，这使橡胶的熔点、牢固度大大增强，后来又有人在橡胶中加入了炭黑，使之更加耐磨，橡胶的用途也日益增加。

苏格兰有一家用橡胶生产橡皮擦的工厂。一天，一个名叫马辛托斯的工人端起一大盆橡胶汁往模型里倒，一不小心，脚被绊了一下，橡胶汁淌了出来，浇到了马辛托斯的衣服上。下班后，马辛托斯穿着这件被橡胶汁涂满了一大块的衣服回家，正巧路上遇到了大雨。

就在马辛托斯回家换衣服时，他惊奇地发现，被橡胶汁浇过的地方，竟没有渗入半点雨水。善于联想的马辛托斯立即意识到，如果把衣服全部浇上橡胶汁，那不就变成了一件防雨衣吗？雨衣也就应运而生了。

由于天然橡胶产量有限，人们又通过对橡胶成分的研究，生产出了各种各样的合成橡胶，这种橡胶为高分子合成，它具有耐腐耐磨、耐高温、耐氧化等特点，通过人们不断努力，橡胶终于从孩子手中的弹力球发展成一种具有广泛用途的高分子材料。目前，全球橡胶制品在5万种以上。一个国家的橡胶消耗量和生产水平，成了衡量国民经济发展特别是化工技术水平的重要指标之一。

由弹力球到雨衣，再到车轮胎、鞋等，人们的联想一环套一环，犹如步步登高，把人们引入更高的创造境界，这就是连锁联想法的奇妙之处。

千变万化的客观事物，正是由于组成了环环紧扣的彼此制约牵制的锁链，才使世界保持了相对的平衡与和谐。这也是我们进行连锁联想的一个前提依据。恰当地应用这种方法，相信会有越来越多的创造性事物产生。

第七十节 抓住事物间的相似性

相似联想思维法是指根据事物之间的形式、结构、性质、作用等某一方面或几方面的相似之处进行联想，将两种不同事物间某些相似的特征进行比较。格顿伯格看到榨汁机时，想到了印刷机；叉式升降机的发明者，是从炸面饼圈机那儿得到启发的。他们都运用了类比的方法。

正如俄罗斯生理学家马格里奇所言：“独创性常常在于发现两个或两个以上研究对象或设想之间的联系或相似之处，而原来的这些对象或设想彼此没有关系。”

运用相似联想思维法的具体做法是：看看它像什么或它让你想起了什么，还可以提出更具体的问题，如“它听上去像什么？”“它的味道像什么？”“它给人的感觉怎样？”“它的功能像什么？”

这种方法在科研创造领域有着较为广泛的应用。

航天飞机、宇宙飞船、人造卫星等太空飞行器要进入太空持续飞行，就必须摆脱地心引力，这就要求运载它的火箭必须提供强大无比的能量。同时，太空飞行器自身重量越轻，就越能减轻运载火箭的负担，也就能使太空飞行器飞得更高更远。

因此，为了减轻太空飞行器的重量，科学家们绞尽脑汁，与太空飞行器“斤斤计较”。可是减轻太空飞行器重量，还要考虑到不能降低其容量和强度，要达到上述目的相当困难。科学家们尝试了许多办法都无济于事，最后还是蜜蜂的蜂窝结构让科学家们解决了这个难题。

大家知道，蜂窝是由一些一个挨一个，排列得整整齐齐的六角形小蜂房组成的。18世纪初，法国学者马拉尔琪测量到蜂窝的几个角都是有一定规律的：

钝角等于109° 28′，锐角为70° 32′。后来经过法国物理学家列奥缪拉、瑞士数学家克尼格、苏格兰数学家马克洛林先后多次的精确计算，得出一个结论：要消耗最少的材料，而制成最大的菱形容器，它的角度应该是109° 28′和70° 32′，也就是说，蜜蜂蜂窝结构是容积最大且最节省材料的。

但从正面观察蜂窝，它是由一些正六边形组成的，既然如此，那每一个角都应是120°，怎么会有109° 28′和70° 32′呢？这是因为蜂窝不是六棱柱，而是底部由三个菱形拼成尖顶构成的尖顶六棱柱。我国数学家华罗庚准确指出：在蜜蜂身长、腰围确定的情况下，尖顶六棱柱的蜂房用料最省。

上述蜂房结构不正是太空飞行器结构所要求的吗？于是，在太空飞行器中采用了蜂房结构，先用金属制造成蜂窝，然后，再用两块金属结构，这种结构的太空飞行器容量大、强度高，且大大减轻了自重，也不易传导声音和热量。因此，今天我们见到的航天飞机、宇宙飞船、人造卫星都采用了这种蜂房结构。勤劳的蜜蜂们也许不会想到，它们的杰出构思被人类借鉴应用，使人类飞上了太空。

以上蜂房结构的应用是一个典型的相似联想的例子。运用相似联想法的一个关键点就是寻找事物之间的共同点、相似点。世界上没有两片完全相同的树叶，同样，世界上也没有两片完全不同的树叶。任何两种事物或者观念之间，都有着或多或少的相似点。一旦在思维中抓住了相似点，便能够把千差万别的事物联系起来思考，从而产生新创意。

一位公司职员对刀特别感兴趣，他一直想发明一种价格低廉而又能永保锋利的刀具。他的设想非常好，但要想把它变成现实却并不容易。每次用刀时他都在认真琢磨这件事。

有一次，他看到有人用玻璃片刮木板上的油漆，当玻璃片刮钝以后就敲断一节，然后又用新的玻璃片接着刮。这使他联想到刀刃：如果刀刃钝了不去磨它，而把钝的部分折断丢掉，接着用新刀刃，刀具就能永保锋利。于是他设计在薄薄的长刀片上留下刻痕，刀刃用钝了就照刻痕折下一段丢掉，这样便又有了新的锋利的刀刃。这位职员从用玻璃片刮木板联想到刀刃，从而发明了前所未有的可连续使用的刀具，后来他创立了一家专门生产这种新式刀具的工厂，从而走上了成功之路。

把爆破与治疗肾结石联想到一起，也可谓是一个伟大的创举。目前的定向爆破技术，能将一幢高层建筑炸成粉末，同时又不影响旁边的其他建筑物。医学家们由此联想到了医治病人的肾结石。他们经过精确的计算，把炸药的分量小到恰好能炸碎病人肾脏里的结石，而又不影响病人的肾脏本身。这种在医学上被称为微爆破技术的治疗手段，为众多肾结石病人解除了病痛。

找到事物的相似点，往往就能够把不同的事物组合起来。相似联想法的运用，通常使整个事物具有了新的性质和功能，也会给我们带来耳目一新的感觉。

第七十一节　跨越时空的相关联想法

所谓相关联想法，就是指在思考问题时，尽量根据事物之间在时间或空间等方面的联系进行联想。由于世上万物都不是孤立存在的，在空间上或时间上总是保持着一定的联系，因此灵活运用相关联想法，常常也能打开思路、作出创新。

苏东坡到杭州任地方官的时候，西湖早已名不副实了。长年累月的泥沙越淤越多，碧波荡漾的西湖成了大泥坑。

苏东坡对此黯然神伤。随后多次巡视西湖，反复思考如何加以疏通，使往日风光秀美的西湖重现迷人的风采。

几次巡视后，他发现最棘手的是从湖里清除的大量淤泥无处存放。有一天他忽然想到，西湖有30里长，要环湖走一圈，恐怕一天也走不完。如果把湖里挖上来的淤泥堆成一条贯通南北的长堤，既清除了淤泥，又方便了游人，不是很好的办法吗？这时他又联想到，挖掉了淤泥后，可以招募附近的农民来此种麦，种麦所获的收益，反过来作为整治西湖的资金，这样疏通西湖有了钱，挖出来的淤泥也有了去处，西湖附近的农民也增加了收益。西湖不仅有了一条贯穿南北的通道，便利了来往的游客，而且还为西湖增添了一道风景。

苏东坡修西湖运用相关联想法巧妙地解决了问题。他联想到将淤泥做成长堤，又联想到淤泥堆成的地面可以用来做农田，既解决了河道疏通的问题，又增加了农民的效益，真可谓一举两得的壮举。

我们生活中常见的许多创意或创造物，都是相关联想的产物。

在澳大利亚曾发生过这样一件事情：在收获季节里，有人发现一片甘蔗田的甘蔗产量竟提高了50%。这是怎么一回事？回想起来，在甘蔗栽种前一个月，曾有一些水泥洒落在这块田里。于是科学家们运用相关联想，发现水泥中的硅酸钙能使酸性土壤得到改良，并由此发明了改良酸性土壤的水泥肥料。

再如人造血的发明也是科学家们运用相关联想的结果：当时，有一只老鼠掉进了氟化碳溶液中，但它却没有被淹死。于是，科学家们马上联想到这与氟化碳能溶解和释放氧气，并利用氟化碳制成了人造血。

1982年2月底至3月初，墨西哥爱尔·基琼火山喷发，亿万吨火山灰直冲云霄。就在大家为火山喷发的壮观景象惊叹时，精明的美国政府已开始调整国内政策，并借机大赚了一笔。

原来爱尔·基琼火山爆发后，美国政府联想到悬浮在空中的火山灰会将一部分从遥远的宇宙射向地球的太阳能反射回去，从而形成大面积低温多雨的天气，造成世界范围的粮食减产。于是，预见到世界各地的粮食生产将会不景气的美国政府便主动调整了国内粮食政策。

第二年，世界各国粮食产量果然大幅度下降，而美国政府由于及时采取了相关措施，成了唯一的粮食出口国，并由此在国际事务中处处占了上风。

这些都是相关联想的结果。各种事物之间都存在着或多或少的关联点，只要我们能够转换观察的视角，就可以赋予我们新的认识，带来新的看法，给事物以新的意义，而这种新的意义往往蕴涵着解决问题的捷径。

第七十二节　由事物的对立性引发联想

根据事物的对立性进行联想是指由某一事物的感知和回忆引起跟它具有相反特点的事物，从而得出创造或创见的思维方法。例如：大与小、黑暗与光明、温暖与寒冷。每对既有共性，又具有个性。

由于客观事物之间普遍存在着相对或相反的关系，因此运用对比联想往往也能引发新的设想。比如由实数想到虚数，由欧氏几何想到非欧氏几何，由粒子想到反粒子，由物质想到反物质，由精确数学想到模糊数学，等等，都是对比联想的结果。

鲍罗奇是一位专营中国食品的美国企业家。他的公司注册商标图案原先是一位中国胖墩，在第二次世界大战期间销路很好。但随着时间的推移，采用“胖墩”商标的食品销路越来越差了。

“既然‘胖’不行，那么‘瘦’怎么样？”鲍罗奇想到。

于是他将商标图案改成了“中国瘦条”，结果这一微不足道的改动，起到了立竿见影的效果。

原来在“二战”期间，肥胖象征着财富与安乐，因此“胖墩”的销路当然不会错。可随着人们生活水平的提高，减肥运动悄然兴起，这时，“中国瘦条”反而能适应减肥这一新潮流。因此，鲍罗奇运用对比联想作出的这一改动使自己公司的食品销量大增。

同样，当物理学家开尔文了解到巴斯德已经证明了细菌可以在高温下被杀死，食品经过煮沸可以保存后，他大胆地运用对比联想：既然细菌在高温下会死亡，那么在低温下是否也会停止活动？在这种思维的启发下，经过精心研究，终于发明了冷藏工艺，为人类的健康保健作出了重要的贡献。

在使用对比联想法的过程中，我们需要将视角放在与目前该事物的特征相对的特点上，并加以巧妙地利用。

铜的氢脆现象使铜器件产生缝隙，令人讨厌。铜发生氢脆的机理是：铜在500摄氏度左右处于还原性气体中时，铜中的氧化物被氢脆无疑是一个缺点，人们想方设法去克服它。可是有人却偏偏把它看成是优点加以利用，这就是制造铜粉技术的发明。用机械粉碎法提取铜粉相当困难，在粉碎铜屑时，铜屑总是变成箔状。把铜置于氢气流中，加热到500摄氏度至600摄氏度，时间为1至2小时，使铜屑充分氢脆，然后再经球磨机粉碎，合格的铜粉就制成了。这里就运用了对比联想法。

18世纪，拉瓦所做的金刚石煅烧实验，证明了金刚石的成分是碳。1799年，摩尔沃成功地把金刚石转化为石墨。金刚石既然能够转变为石墨，用对比联想来考虑，那么反过来石墨能不能转变成金刚石呢？后来终于用石墨制成了金刚石。

对比联想法在学习中得到广泛的应用，它可以帮助我们从一个方面联想起另一个方面。两个相反的对象，只要想到一个，便自然而然地会想出相对的那个来。

许多学生有这样的经验和体会：在学习数、理、化知识时，可以把那些各自彼此对立的定理、公式和规律归纳到一起，以便用对比联想法帮助记忆。例如，在记忆圆锥曲线时，对于椭圆、双曲线和抛物线的定义、方程、图形、焦点、顶点、对称轴、离心率等性质，可以用对比联想法记忆。再如，正数和负数、微分和积分、乘方和开方等概念都是对立的，运用对比联想法会收到良好的效果。

第七十三节　灵感突发的即时联想法

爱因斯坦在读中学的时候，一天，看到骤雨过后的天空射下的亮丽光柱，突然想到了这么一个问题：人要是乘坐着以光速飞行的宇宙飞船去旅行将会看到何种景象？爱因斯坦由此展开了自由的联想，踏上了相对论的发现之旅。

科学需要即时联想，艺术也需要即时联想。

一位漫画家在市场上买到了两斤注水猪肉，为商人不讲诚信而愤怒，抓住这件事展开了即时联想，挥笔画出“抗旱”的漫画。漫画把注水肉与抗旱巧妙地联系在一起，农民抗旱浇水用的竟是一头注水肥猪，水流从注水肥猪大口中喷涌而出，让人忍俊不禁。

一位诗人看到篱笆墙上的红花绿叶，展开自由的联想，当场赋诗一首：

春
体面的小偷
每每被篱笆抓住
被迫交出红花绿叶
以及绿油油的鸟音。

诗人的即时联想，见常人之未见，想常人所未想，让人惊叹不已。

做一名万人敬仰的科学家、一名才华横溢的艺术家、一名造福社会的发明家……曾经是许多人的梦想，要实现梦想就要洒下汗水，其中抓住一切可能的机会培养其联想的能力是必不可少的一种准备，在生活中注意培养即时联想习惯则是成功的一条捷径。

生活中的每一天也许是普通的，倘若抓住生活的一个片段、一个瞬间，展开即时联想，生活就会无限精彩。夏天消暑吃西瓜是人人都有的经历，由吃西瓜展开即时联想，获得的创意和收获说不定完全会让你吃上一惊呢！

买西瓜的时候，摊主往往要把瓜切开一个小口，让人看看是否熟透了，由此联想开去，想到地球仪为什么不能切开，让人了解地球的内部情况呢？于是联想到能透视地球内部的地球仪。设想这种地球仪由几大板块组成，需要了解地球内部时，可随时打开，平时与一般地球仪没有什么区别。

想到西瓜的良种培养，科学家既然能培养出无子西瓜，可以提出开发培养多子西瓜的设想，供瓜子厂使用；可以培养酒味西瓜、苹果味西瓜，等等。

由此我们可以看出，即时联想不受题材、内容、时间的限制，完全可以随时随地天马行空。任何人都不缺想象力，缺的是对想象力的呼唤和培养。即时联想法就是培养想象力的一条捷径。

第七十四节　大胆激发创造性联想

日本一支探险队来到南极，为了进行科学考察，他们准备在南极过冬。

队员们冒着严寒建立了一个基地。为了把运输船上的汽油运到基地，他们开始铺设管道，一根一根的铁管子连接起来，形成一条输油管。由于事先考虑不周到，带去的管子都用完了，可还没有接到运输船上。他们傻眼了，在船上翻箱倒柜也没找到可以替代管子的东西。如果发电报，请求国内运来，至少需要一个多月的时间。如果不接通输油管，那么基地就没有取暖的燃料，大伙都会冻成冰棍。怎么办？大家你看看我，我看看你，毫无办法。

这时候，队长想出了一个奇特的好办法，很快解决了这一难题。

队长建议用冰来做管子。他们先把绷带缠在已有的铁管上，再在上面淋上水，在南极的低温下，水很快就结成冰。然后再拔出铁管，这不就成了冰管子了吗？然后把它们接起来，你想要多长就有多长。

水是液体，冰是固体，只要温度足够低，液体水就可以轻易地变成固态冰，而固态冰就可以当做输油管道用。这样的联想不能说不奇特，但是在善于创造性地解决问题高手那里，奇想越奇越好，越多越好，越不可思议越好。

海洋是广阔的天地，尚未充分开发，而城市人口拥挤、住房紧张，何不向海洋进军？于是引发海底球形住宅的奇想。

熨衣服很费时，有人发现床单洗后用稀薄浆水浸一下，晾干挺括，从中得到启示。于是奇想到有一种免烫液，喷在衣服上，使衣服平整不用烫。

野外作业者，搞测绘或地层取样，遇到下雨天，就无法进行工作了。有人发现蜡纸是不怕水的，在蜡纸背面涂上蓝色或黑色，像复写纸，再把蜡纸紧贴在一般纸上密封，用硬笔在蜡纸上刻画，字迹便会留在纸上。于是有了雨天书写的笔和纸这一奇想。

用高炮、导弹、火箭可以打飞机，还有没有更巧妙的办法？联想到鸟碰撞飞机可让飞机受损。于是奇想到：只要有鸡蛋大的颗粒碰上飞机，飞机就可能坠毁，故打飞机不用炮弹是可能的。在敌机经常活动的空域里，撒上鸡蛋大或花生米大的非金属半浮式的颗粒（半浮式指颗粒停留在空中一段时间后，才慢慢向下滑落），它不反射雷达波，敌机无法测得。飞机时速越大，碰撞的力就越大，可进入喷气发动机打坏叶片，可击穿油箱，使之失去动力，起火爆炸。

我国一位下岗工人看到大家很喜欢吃烤肉串、烤鸡翅等烧烤食品，他就想：鸡蛋的吃法，有蒸、煮、炒和炸四种，能不能创造第五种吃法——烤鸡蛋呢？经过反复实验，他终于获得了成功。烤鸡蛋风味独特，深受大众的喜爱，这位下岗工人也借此自己创业，取得了成功。

奇想不问对错，它揭示了想象、联想和幻想的一个内在规律——打破一切束缚和框框，才能大胆地想，才能思如涌泉，才能想出妙计。

第七十五节　学会从整体上把握事物

要运用好系统思维，就要学会从全局整体把握事物及其进展情况，重视部分与整体的联系，才能很好地从整体上把握事物。

第二次世界大战期间，在伦敦英美后勤司令部的墙上，醒目地写着一首古老的歌谣：

这首歌谣质朴而形象地说明了整体的重要性，精确地点出了要素与系统、部分与整体的关系。

因为一枚铁钉，毁了一只马掌；
因为一只马掌，损了一匹战马；
因为一匹战马，失去一位骑手；
因为一位骑手，输了一次战斗；
因为一次战斗，丢掉一场战役；
因为一场战役，亡了一个帝国。

这一切，全都是因为一枚马蹄铁钉引起的：

1485 年，英王理查三世与亨利伯爵在波斯沃斯展开决战。此役将决定英国王位新的得主。战前，马夫为国王备马掌钉。铁匠因近日来一直忙于为国王军队的军马掌钉，铁片已用尽，请求去找。

马夫不耐烦地催促道：“国王要打头阵，等不及了！”铁匠只好将一根铁条截为四份加工成马掌。

当钉完第三个马掌时，铁匠又发现钉子不够了，请求去找钉子。

马夫道："上帝，我已经听见军号了，我等不及了。"

铁匠说："缺少一根钉，也会不牢固的。"

"那就将就吧，不然，国王会降罪于我的。"

结果，国王战马的第四个马掌就少了颗钉子。

战斗开始了，国王率军冲锋陷阵。战斗中，意外的不幸发生了，他的坐骑因突然掉了一只马掌而马失前蹄，国王栽倒在地，惊恐的战马脱缰而去。

国王的不幸使士兵士气大衰，纷纷调头逃窜，溃不成军。

伯爵的军队围住了国王。绝望中，国王挥剑长叹："上帝，我的国家就毁在了这匹马上！"

世界上任何事物都可以看成是一个系统，系统是普遍存在的。大至渺茫的宇宙，小至微观的原子，一粒种子、一群蜜蜂、一台机器、一个工厂、一个学会团体……都是系统，整个世界就是系统的集合。

系统论的基本思想方法告诉我们，当我们面对一个问题时，必须将问题当做一个系统，从整体出发看待问题，分析系统的内部关联，研究系统、要素、环境三者的相互关系和变动的规律性。

有一年，稻田里一片金黄，稻浪随风起伏，一派丰收景象。令人奇怪的是，就在这片稻浪中，有一块地的水稻稀稀落落，黄矮瘦小，与大片齐刷刷的稻田成了鲜明的对照。

这是怎么回事呢？原来田地的主人急用钱，于是在这块面积为2.5亩的田地上挖去一尺深的表土，卖给了砖瓦厂，得了1万元。由于表面熟土被挖，有机质含量锐减，这年春天的麦苗长得像锈钉，夏熟麦子收成每亩还不到150斤。水稻栽上后，尽管下足了基肥，施足了化肥，可是水稻长势仍不见好。

有人给他算了一笔账，夏熟麦子少收1 000多斤，损失400元，

> 而秋熟大减产已成定局，损失更大。今后即使加倍施用有机肥，要想这块地恢复元气，至少需要5年时间，经济损失至少在两万元以上。这么一算，这块农田的主人叫苦不迭，后悔地说：“早知道这样，当初真不应该赚这块良田的黑心钱。”

这位农地主人原本只是用土换钱，并没有看到表土与庄稼之间的关系，本以为是将无用的东西换成金钱，结果却让他失去更多，需要花费更多的钱来弥补自己的损失。这就是缺乏系统眼光和系统思维的结果。

与之相对比，红崖天书的破译却是得益于从整体上去把握事物。

所谓红崖天书，是位于贵州省安顺地区一处崖壁上的古代碑文；在长10米、高6米的岩石上，有一片用铁红色颜料书写的奇怪文字，字体大小不一，大者如人，小者如斗，非凿非刻，似篆非篆，神秘莫测。因此，当地的老百姓称之为红崖天书。近百年来，红崖天书引起了众多中外学者的研究兴趣，甚至有人推测这是外星人的杰作。据说，郭沫若等著名的学者也曾经尝试破译，但是一直没有定论。

直到上海江南造船集团的高级工程师林国恩发布了对红崖天书的全新诠释，学术界才一致认为，这一千古之谜终于揭开了它的神秘面纱。

那么，非科班出身的林国恩是如何破译这个千古之谜的呢？林国恩于1990年了解红崖天书以后，对它产生了浓厚的兴趣，从此把他的全部业余时间放到了破译工作上。他祖传三代中医，自幼即背诵古文，熟读四书五经。他于1965年考入上海交通大学学习造船专业，但是他业余时间钻研文史，学习绘画。由于他是造船工程师，系统学习对他有很深的影响，使他掌握了综合看待问题的方法，这为他破译红崖天书打下了坚实的基础。

在长达9年的研究中，他综合考察了各个因素，查阅了7部字典，把红崖天书中的50多个字，从古到今的演变过程查得清清楚楚。在此基础上，他做了数万字的笔记，写下了几十万字的心得，还3次去贵州实地考察，为破译红崖天书积累了丰富的资料。

经过系统综合的考证，林国恩确认了清代瞿鸿锡摹本为真迹摹本；文字为汉字系统；全书应自右向左直排阅读：全书图文并茂，一字一图，局部如此，整体亦如此。从内容分析，红崖天书成书约在1406年，是明朝初年建文皇帝所颁发的一道讨伐燕王朱棣篡位的伐燕诏檄。全文直译为：燕反之心，迫朕逊国。叛逆残忍，金川门破。杀戮尸横，罄竹难书，大明日月无光，成囚杀之地。需降服燕魔，作阶下囚。

我们可以设想，如果不能将这些文字与其历史背景、文字结构、图像寓意结合起来，不能将它们作为一个整体去考察、去把握，恐怕红崖天书到现在也只是一个谜。

由此，我们可知：问题的内部不仅存在关联，与外部环境也同样产生作用。我们必须将其分开进行观察，然后再将其按照系统的模式来进行分析。

当你学会了系统思维，能够以一个整体的眼光去看问题的时候，相信你就可以更容易地把握和处理问题了。

第七十六节　对要素进行优化组合

系统思维法就是将所面对的事物或问题作为一个整体加以分析，并且在系统运作过程中，要对要素进行优化组合，让适当的要素在最佳位置上发挥出最佳的作用，往往可以产生一加一大于二的效果。

我国古代著名的“田忌赛马”的故事就是一个典型的例子。

孙膑是战国时期的著名军事家。齐国大臣田忌喜欢和公子王孙们打赌赛马，但总是输。于是，孙膑对田忌说：“您只管下重注，我包您一定能赢。”

赛马时，孙膑让田忌用自己的上等马跟别人的中等马比赛，用中等马与别人的下等马比赛，再用下等马对付别人的上等马。结果三场比赛，田忌胜了两场。

孙膑之所以能让田忌稳操胜券，在于他将整个赛马活动当成了一个系统来处理，而且他善于将系统要素进行优化组合。虽然以下等马和别人的上等马比非输不可，但是另外的两场比赛，却是每场都赢。正是因为孙膑善于将系统要素进行优化组合，才能达到反败为胜的结果。

系统要素进行优化组合在生活的各个方面均有体现。如在农业中，农作物配合栽培方法即是其一。一块田地，什么时间应该种什么作物，玉米、大豆、棉花等不同的作物应该怎样搭配才能获得高产量，这就需要用系统思维来解决。

企业中的人对企业来说，是关乎企业成败的要素，人的分配问题也值得每一个企业深思。如果企业人员工作分配合理、人尽其才，将每个人发挥出的能量加合在一起，将会推动企业迅速地向前发展；但如果人员没有做到优化组合，不能让正确的人去做正确的事，那时，有能力的人因英雄无用武之地而离去，身居高位的无能者不能够积极进取，最终，企业很有可能败落。

在系统思维中，各要素并不是割裂的独立个体，而是相互链接的一个整体，这些要素可以在最佳的协调机制下处于最理想的工作状态。

贝特茜和鲍里斯需要做三件家务：一是用吸尘器打扫地板。他们只有一个吸尘器。这项活计需要30分钟。二是用割草机修整草坪。他们只有一架割草机。这项活计也需要30分钟。三是给婴儿喂食和洗澡。这项活计也需要30分钟。

贝特茜和鲍里斯如何合作，才能尽快做完家务？

如果不将各要素作为一个整体来进行优化组合的话，无论由谁单独完成两项任务，需要的时间都是60分钟。

然而，如果从系统优化组合的角度来思考，似乎还有更大的协同空间，诀窍是让贝特茜和鲍里斯两人在整个过程中都一直在工作，只要运用整体性思维对全过程进行优化组合，就会找出这一似乎不存在的空间：让贝特茜先用吸尘器完成一般的地板清扫任务（1分钟），并让她自己单独完成照顾婴儿的任务（30分钟）。同时，鲍里斯开始用割草机修整草坪（30分钟），接着来清扫地板（15分钟）——总时间为45分钟。

总之，系统思维要求人们用系统眼光从结构与功能的角度重新审视多样化的世界，把被形而上学分割了的世界重新整合，将单个元素和切片放在系统中实现新的综合，以实现整体大于部分的简单总和的效应。

第七十七节 将材料进行综合的方法

系统思维从某种程度上讲是一种将材料进行综合的方法，要掌握系统思维法，就要学会如何综合材料，以达到创造的目的。

综合就是将已有的分析成果按其固有的内在联系有机结合起来，从总体上更全面、更深刻地把握研究对象的本质和规律，创立更全面、更普遍的科学理论。在自然科学发展的过程中，万有引力定律、能量守恒与转化定律以及麦克斯韦电磁理论的创立，都离不开这种综合能力。科学技术的发展由分析而进入到综合，并在综合成果的指导下进行更深入的分析，再步入更广泛的综合。

我们每天面临的主要工作就是分析、思考和决策。因此，我们分析、思考和决策问题的技巧和效率，将决定他的工作成效。著名的管理咨询公司麦肯锡公司认为："善于解决问题的能力通常是缜密而系统化思维的产物，任何一个有才之士都能获得这种能力。"

最常见的材料综合就是对信息材料的综合。将各种信息汇集到一起，也许会产生出人意料的结果。

20 世纪 30 年代，正当希特勒扩充军队，加紧准备发动第二次世界大战的关键时刻，英籍作家雅格布写的一本书出版了。在书中他详尽地介绍了希特勒军队各军区的情况。希特勒知道以后，暴跳如雷，立即命令将雅格布绑架到柏林。在审问中，雅格布说他的全部材料都是从德国公开的报纸上得来的。雅格布的回答使在场的德国人目瞪口呆，面面相觑。

雅格布究竟是怎样从报纸上得到了希特勒极其重要的军事秘密的呢？原来，他长期注意从德国报刊上搜集关于希特勒军事情况的报道，就连丧葬讣告和结婚启事之类的材料也不放过。日积月累，他把搜集的大量德军情报做成卡片，然后精心分析，认真综合，作出判断，终于描绘出一幅德军组织状况的图画。而这幅图画竟然与真实情况基本相符，对此，德军头目怎能不惊恐万分。

雅格布的这一工作就是把一些互不相关的材料综合在一起，创造出了新的东西——德军军事设置图。而他之所以能做到这点，就在于他处处做个有心人，处处留心德军军事情况的结果。所以，要进行综合，就应注意做有心人，这样才能收集到有关的综合材料。

有时，我们还可以利用两种完全不相干的材料，将它们综合在一起后，便可以产生令人耳目一新的创意。例如：有氧运动加上舞蹈，就成了有氧舞蹈；游泳加上芭蕾舞，就成了水上芭蕾。下面这个故事的主人公就是利用不同材料的综合，大做了一把广告。

纽约有位年轻人摩斯，在纽约市的一个热闹地区租了一家店铺，满怀希望地择了个吉日开始做起保险柜的买卖。然而生意惨淡，每天虽有成千上万的人从他店前来来去去，店里形形色色的保险柜虽然排得整整齐齐，但是却很少有人光顾。

看着店前川流不息的人群，摩斯思来想去，终于想出一个突破困境的办法。

第二天，他匆匆忙忙前往警察局借来正在被通缉中的重大罪犯的照片，并把照片放大好几倍，然后把它们贴在店铺的玻璃上，照片下面附上一张说明。

照片贴出来后，来来去去的行人都被照片吸引住了，纷纷驻足观看。人们看到了逃犯的照片，产生一种恐惧心理，本来不想买保险柜的人，此时也想买一台。因此他的生意立即有了很大的改观，门可罗雀的店铺突然变得门庭若市。就这样不费吹灰之力，保险柜头一个月卖出 48 台，第二个月卖出 72 台，以后每月都卖出七八十台。

不仅如此，因为他贴出了逃犯的照片，使警察顺利地缉拿到了案犯，因此，摩斯还荣幸地领到了警察局的表彰奖状，报纸也作了大量的报道。他也毫不客气地把表彰奖状连同报纸一并贴在店铺的玻璃窗上，由此锦上添花，他的生意更加红火。

综合材料的思维能力不是少数人的幸运天赋，它是一种思维习惯，所有人都可以有意识地去培养、训练自己探索创造性解决方案的能力和抗拒车到山前必有路的毅力。我们学习系统思维的同时也是在培养一种能力，培养对材料的辨认能力和有效材料的综合能力。在观察事物时，就要有一种整体的视角，找出各要素的关联点，并将其进行整合。

第七十八节　以他人之长补自己之短

1764 年哈格里夫斯发明的珍妮纺纱机，由 1 个纺锤改为 80 个纺锤，大大提高了纺纱的效率。纺出来的纱虽然均匀，但不结实。1768 年阿克顿特发明了水力纺纱机，效率提高了，纺出来的线也结实了，但纺出来的线很不均匀。1779 年青年工人克隆普敦把哈格里夫斯和阿克顿特两个纺车的技术长处加以综合，设计出一个纺线既结实又均匀的纺纱机，有三四百支纱锭，效率也提高了。为了纪念两种纺车的结合，就起名为杂种骡子的名称，叫作骡机。马克思对此评价很高："现代工业中一个最重大的发明——自动骡机。"推动了英国的纺织技术革命。

像这样各自去掉自己的短处，吸取别人的长处的思维方式，就是系统思维法中的方法综合。

日本广岛的家畜繁殖名誉教授渡边守之和我国台湾省的学者一起，成功地培育出比普通鸭重两倍而肉味鲜美的新型大鸭种。他们是怎样培育的呢？它们是北京鸭和南美的麝香鸭交配而成的。

他们分析北京鸭的特点是：体重轻，肉味鲜美。

麝香鸭的特点是：体重重，有四五千克，但有一种怪味。

特点分析出来以后，就取长补短，经过多次试验，终于培育出一种新型骡鸭：体格健壮、生长迅速、肉味鲜美，公、母鸭体重均在 4 千克左右，却没有繁殖力的鸭子。

以上说明，只有将两种或多种事物的要素进行系统、深入地分析，找到各自的优点和缺点，才能做到方法综合。

爱迪生发明的电影窥视箱是一种只能让一个人观看的活动电影箱，但其影像的大小和位置一致。法国路易斯·卢米埃尔发明的电影放映机能让许多人同时观看，但影像的大小和位置不一致。后来，爱迪生看到卢米埃尔的电影放映机的长处，就把个人观看的窥箱机改为大众观看的放映机。反之，卢米埃尔也吸取了爱迪生窥视箱胶片的特点，采用爱迪生每秒 16 张画的放映频率，35 毫米宽的胶片，在胶片两边每格画幅打四个矩形齿孔，使胶片能在齿轮带动下均匀地通过机器，映出大小和位置一致的影像，这比卢米埃尔原来的画格两边只有一对圆形片孔的间歇式抓片机构要稳定得多。由于他们相互取长补短，使现代化电影工艺趋向统一，无声电影便诞生了。

综合方法要求我们在观察事物时不能孤立地看待一个个体，见“木”更要见“林”，努力从其他事物中寻找该事物不具备的优点，积极地将两者进行整合，扬长避短，从而达到最终的创造作用。

第七十九节　制订计划后再付诸行动

制订计划是系统思维的一种体现，如果没有对事情全局上的一种把握与规划，那么我们的结局大半会是失败。

如果我们不再是拥有整整二十几年的时间，而是只有二十几次机会了，那我们打算如何利用剩下的这二十几次机会，让它们变得更有价值呢？

我们是去听音乐会，或是和家人坐在一起，或是去度假，还是什么安排都可以？许多人心里都没有一个完整的计划，然而，没有计划本身就是一种失败的计划——我们正在计划着自己的失败。没有人愿意失败，却在不自觉地把自己推向失败之路。

我们并不能保证做对每一件事情，但是我们永远有办法去做对最重要的事情，计划就是一个排列优先顺序的办法。成功人士都善于规划他们自己的人生。他们知道自己要实现哪些目标，并且拟订一个详细的计划，把所有要做的事按照优先顺序排列，并按这一顺序来做。当然，有的时候没有办法百分之百地按照计划进行。但是，有了计划，便给人提供了做事的优先顺序，让他可以在固定的时间内完成需要做的事情。

马克·吐温说过：“行动的秘诀，在于把那些庞杂或棘手的任务，分割成一个个简单的小任务，然后从第一个开始下手。”

计划是为了提供一个整体的行动指南，从确立可行的目标，拟订计划并执行，最后确认出我们达到目标之后所能得到的回报。我们应该是在未做好第一件事之前，从不考虑去做第二件事，凡事要有计划，有了计划再行动，成功的概率会大幅度提升。

生命图案就是由每一天拼凑而成的，从这样一个角度来看待每一天的生活，在它来临之际，或是在前一天晚上，把自己如何度过这一天的情形在头脑中浏览一遍，然后再迎接这一天的到来。有了一天的计划，就能将一个人的注意力集中在现在。只要将注意力集中在现在，那么未来的大目标就会更加清晰，因为未来是被现在创造出来的。接受现在并打算未来，未来就是在目标的指导下最终创造出来的东西。

这就像盖房子一样。如果有人问我们：“你准备什么时候动工，开始盖一栋你想要的房子？”当我们在头脑中已经勾勒出整个工程的时候，我们就可以开始破土动工了。如果我们还没有完成对它的规划和勾勒就草率行事，这是非常愚蠢的举动。

假设我们刚刚开始砌砖，有人走上前来说：“你在盖什么呢？”我们回答说：“我还没想好。我先把砖铺起来，看看最后能盖出个什么来。”人家会把我们看成傻瓜。一个人只要作出一天的计划、一个月的计划，并坚持原则、按计划行事，那么在时间利用上，他已经开始占据了自己都无法想象的优势。

不论是学习、工作还是生活，我们都应该重视从整体上把握事情的进展，如果今天没有为明天做好计划，那么明天将无法拥有任何成果。

第八十节　将整体目标分解的技巧

系统思维法教给我们的智慧有两点：考察事物时将其作为一个整体，解决问题时则可以将一个整体分为小的阶段，逐个进行突破。

我们常常被一个问题的复杂和棘手所吓倒，认为解决它几乎是不可能完成的任务。但我们是否尝试过将这个吓倒我们的大问题分解成一个个小问题来解决呢？

火箭的自重至少要达到100万吨，而如此笨重的庞然大物无论如何也是无法飞上天空的。因此，在很长一段时间里，科学界都一致认定：火箭根本不可能被送上月球。直到有人提出分级火箭的思想，问题才豁然开朗起来。

将火箭分成若干级，当第一级将其他级送出大气层时便自行脱落以减轻质量，这样火箭的其他部分就能轻松地逼近月球了。

分级火箭的设计思想启示我们：学会把目标分解开来，化整为零，变成一个个容易实现的小目标，然后将其各个击破。

1984年的东京国际马拉松邀请赛中，名不见经传的日本选手山田本一出人意料地夺得了冠军。当记者问他凭什么取得如此惊人的成绩时，山田本一笑了笑："凭智慧战胜对手。"记者当场蒙了，以为山田本一故弄玄虚，哪有马拉松靠智慧而不靠体力和耐力取胜的？两年后，意大利国际马拉松邀请赛在米兰举行，山田本一代表日本参赛。这一次，他又夺得了冠军。记者再次请他谈谈经验，山田本一沉默了一会儿，还是说了那句话："凭智慧战胜对手。"记者还是迷惑不解，他到底靠的是什么智慧呢？

10年后，这个谜底终于在他的自传中揭开。他在自传中写道："每次比赛前，我都要乘车把比赛路线仔细看一遍，并把沿途比较醒目的标志画下来，比如第一个标志是银行，第二个标志是一棵大树，第三个……一直画到赛程终点。比赛开始后，我就以百米冲刺的速度奋力冲向第一个目标，到达第一个目标后，我休整自己，又以同样的速度向第二个目标冲去。几十公里的赛程就这样被我分解成多个小目标轻松地跑完。其实，起初我并不懂得这样的道理，我始终把我的目标定在终点线上的那面旗帜上，结果我跑到十几公里处就疲惫不堪了，我被前面那段遥远的路程给吓倒了。”

我们的生活、工作都像是一场场的马拉松比赛，许多困难乍一看无从下手，但我们若能本着从零开始，从点滴去实现的决心，有效地将问题分解成许多板块，然后分阶段向目标前进，就能大大提升我们攻克难关的信心和解决问题的效率。

“分”是一种大智慧，它不仅能够帮助我们解决心理上的压力，也能帮助我们将难以解决的问题高效解决。

拿破仑·希尔曾举过这样一个例子：

同样是做房地产生意，杰克计划向银行贷款大约1.2亿美元，而罗比则向银行贷款11 939万美元。

最后，银行贷款给罗比，而拒绝了杰克的贷款请求。

在银行主任看来，罗比的预算具体且考虑很周到，说明罗比办事仔细认真，成功的希望较大。

罗比是怎样做到将预算计划得如此详细呢？罗比介绍了一种将目标逐一击破的方法。利用这种方法，你可以对自己的工作进行规划：

假设我们的工作计划为5年，让我们的5年宏伟目标获得成功的秘诀是化整为零，每天做一点能做到的事。

一是将我们的目标分成5份，就是把5年目标分成5份，变成5个一年目标，那你就可以确切地知道从现在到明年的此刻你必须完成的工作了。

二是将每年的目标分成12份，我们将进一步有了每月的目标了。如果要落实我们的5年计划，我们现在就更能清楚地了解从现在到下月的此时我们应该完成什么了。

三是将每月的目标分成4份，现在我们可以知道下星期一早上必须着手做什么了。同时，唯有如此，我们才会毫不迟疑地去做自己该做的事，然后，继续进行下一步。

四是将每周的目标分成5到7份。用哪个数字划分，完全取决于我们打算每周以几天从事这项工作。如果喜欢一周工作 7 天，则分成 7 份；如果认为 5 天不错，就分成 5 份。选择哪一种全靠我们自己。但是，不论作何种选择，结果都是一成不变的：为了成功，我今天必须做的是什么？

当我们从头到尾采取这种程序后，每天早晨就会胸有成竹地奔向坚定不移的目标，日复一日，年复一年，直至达到我们最终的理想。

内容明晰的每周、每月和每年的目标，有助于我们发挥个人所长，集中精力，全力以赴地完成既定工作，从而获取个人的成功和幸福。同时，分成可行的逐日小目标可以减轻我们因为茫然不知所措而产生的烦躁。

如果我们对所做的事情不断怀疑，事情往往会做得很糟糕。但是，一旦我们知道所做的事正好掌握了最佳时机，我们就一定会做得更快更好，而且有更大的热情和冲劲。

确立 5 年目标，并将它们划分成可以逐日完成的工作还有一个益处，即它能帮我们判断自己是否已真正瞄准目标。

例如：我们从事销售，并决定一年内要拜访 500 个新主顾才能达到销售额，那么扣掉周末和节假日，一年大约有 250 个工作日。也就是说，每个工作日只需拜访两个人（上午、下午各一人）就可以达到目标了。

如果我们真的一天拜访两个人，将来有一天，当我们发现自己一年竟已拜访了 500 个后，可能就会说："我还可以做得更好，等着瞧吧！"

或者还有另一种情况，我们发现每周 5 天的计划竟只用三天半就完成了。因此，第二个月的月底，就已经在做第五个月的工作计划了。所以，确立逐日的 5 年目标这一做法，消除了成功遥不可及的神秘感，彻底把它化为行动。

工作中遇到的困难就是我们要攻克的目标。每个人都会有或多或少的惧难心理，如果困难太大，很容易使我们因畏惧而裹足不前。系统思维告诉我们：若将困难划分为一个阶段一个阶段的具体目标，继而有针对性地去攻破，那么，无论多大的困难都会被我们瓦解了。

在人生中要有效地运用目标分解法，需遵循以下几个基本原则：一是不求快。因为求快就会造成对自己的压力，欲速则不达。二是不求多。因为求多会让自己无力承担，丧失累积的勇气。三是不中断。因为一旦中断，会影响累积的效果和意志，功亏一篑。

第八十一节 利用关联性解决问题

一般情况下，事物间都是普遍存在关联性的，在系统思维的指导下，我们可以利用事物间的关联性分析问题、解决问题。

《红楼梦》中冷子兴述说荣宁二府时，便说“贾、史、王、薛”这四大家庭互有姻亲关系，是一损俱损、一荣俱荣的，后来贾雨村依靠林如海的推荐，最终在贾政的帮助下谋得官职，便是利用人际关系网办事的一个典型范本。

现在，不止人与人之间的关系是互有联系的网状结构，几乎任何事物都可以找到与其他事物的关联处，并可以用来解决问题。

炒股的朋友都知道，股票的价格是受多方面因素影响的：国家政治格局、经济政策、企业发展、能源占有，等等，而这些因素之间也存在着或多或少的联系。其一方面出现的一点点变动，也许就可以影响甚至决定大盘的走向。所以，在投资时，股民就可以利用这些因素与股价的关联性进行判断，进而作出买进或卖出的决定。

下面这个小故事中的老农就利用上下楼层之间的关联性制伏了贪婪的地主。

老农向一位地主借了100枚金币。他请来几位朋友与家人一起辛辛苦苦地盖了一座两层楼房。

老农还没搬进新楼房，地主就企图把楼上那一层弄过来自己住，算是老农拿房子抵债。他对老农说：“请把二层让给我住，我借给你的那100枚金币就算是抵消了。不然，请你马上还我钱。”

老农听了地主的话，显出很不情愿的样子，说道：“老爷，我一时半会儿还不了您的钱，就照您的意思办吧！”

第二天，地主全家喜气洋洋地搬进了新房子的二楼。过了数日，老农请来几位朋友和邻居，大家一齐动手拆起一层的房子来。地主听见楼下有声音，跑下来一看，吃惊地叫道：“你疯了吗，为什么要拆新盖的房子？”

“这不关你的事，你在家里睡你的觉吧！”老农一边拆墙一边若无其事地说。

“怎么不关我的事呢？我住在二楼，你拆了一楼，二楼不就塌下来了吗？”地主急得直跺脚。

“我拆的是我住的那一层，又没拆你住的那一层，这与你没什么关系，请你好好看住你那一层，可别让它塌下来压伤了我和我的朋友。”老农说完，又高高地抡起了铁锹。

“请看在我们多年交情的分儿上，我们可以好好商量商量，请把你的那一层也卖给我好吗？”地主无奈，只好放软口气。

“如果你真心实意想买，就请你给我200枚金币。”老农说道。

“你……你……”地主气得说不出话来。

“老爷，你不要吞吞吐吐，200枚金币少一个子儿我也不卖，我是拆定了。”说着，老农又高高举起了铁锹。

“别拆，别拆！我买，我买还不行吗？”地主只好拿出200枚金币买下了这所房子。

老农的聪明之处就是利用房子之间具有关联性，却向地主装糊涂，强调一层的独立性。

系统思维法充分利用了事物间的关联性，在既看到“树木”的同时，又能够看到“森林”，而且诸多要素之间是牵一发而动全身的关系，所以说，它是一种有效解决问题的方法。